Web前端技术丛书

微信
小程序开发
从零开始学

李一鸣 著

清华大学出版社
北京

内 容 简 介

国内几乎所有互联网公司都推出了自己的微信小程序，越来越多的网课和培训班也在开设小程序教学课程。本书是一本为想掌握微信小程序的开发人员量身定制的快速入门教材，从零开始学习，书中示例多，适合喜欢动手练习的读者。

本书共12章，首先介绍小程序的基础，包括微信开发工具的使用、开发环境搭建、组件等基本知识；接着介绍一些常见的小程序知识点，包括语法、表单验证、媒体与地图组件、网络请求等，并在每个模块最后都提供实战的例子；最后是json-server后台模拟环境搭建与实战内容，包括抽签小工具实战和图书商城实战。

本书内容全面、示例丰富，既适合微信小程序初学者，也适合高等院校的师生学习阅读，还可作为高等院校计算机相关专业的教材使用。

本书封面贴有清华大学出版社防伪标签，无标签者不得销售。
版权所有，侵权必究。举报：010-62782989，beiqinquan@tup.tsinghua.edu.cn。

图书在版编目（CIP）数据

微信小程序开发从零开始学/李一鸣著. —北京：清华大学出版社，2021.4（2022.1重印）
（Web前端技术丛书）
ISBN 978-7-302-57653-2

Ⅰ.①微… Ⅱ.①李… Ⅲ.①移动终端－应用程序－程序设计 Ⅳ.①TN929.53

中国版本图书馆CIP数据核字（2021）第039786号

责任编辑：夏毓彦
封面设计：王　翔
责任校对：闫秀华
责任印制：杨　艳

出版发行：清华大学出版社
网　　址：http://www.tup.com.cn，http://www.wqbook.com
地　　址：北京清华大学学研大厦A座
邮　　编：100084
社 总 机：010-62770175
邮　　购：010-62786544
投稿与读者服务：010-62776969，c-service@tup.tsinghua.edu.cn
质量反馈：010-62772015，zhiliang@tup.tsinghua.edu.cn

印 装 者：北京国马印刷厂
经　　销：全国新华书店
开　　本：190mm×260mm
印　　张：14.5
字　　数：390千字
版　　次：2021年4月第1版
印　　次：2022年1月第2次印刷
定　　价：59.00元

产品编号：086667-01

前　　言

读懂本书

未来小程序开发有发展前途吗？

微信作为一个装机必备应用，拥有极大的市场。依托于微信的强大生态系统，对微信小程序开发的学习十分火热。国内的各大公司基本都已经使用为自己的 App 开发的对应小程序版本。现在学习微信小程序可谓是大势所趋。

——现在入门还来得及吗？种一棵树最好的时间是十年前，其次是现在！

我没有前端基础，可以学习小程序开发吗？

很多读者可能有这种担忧，我没有前端基础，是否能学小程序呢？答案是肯定的。有前端基础固然对学小程序开发有帮助，但是反过来思考，我们先学习了小程序，同样会对学习前端有所帮助。有了小程序的基础后，再慢慢补前端知识也是可以的。想掌握一门新的技术，最忌讳的就是犹豫不决，先打开本书去学习，努力一定会有收获。

——临渊羡鱼，不如退而结网。

小程序在前端开发中有哪些优势？

作为一项热门的新技术，微信小程序虽小，但像麻雀一样五脏俱全。小程序中组件、数据绑定、TypeScript 支持等各种方便的功能都可以提高你的开发效率。小程序由微信团队开发并维护，有着成熟的技术与完善的官方文档。小程序的社区十分活跃，开发者提出的问题都会及时解决。

——三大框架选择困难怎么办？小孩才做选择，成年人全部都要！

本书真的适合你吗？

无论你是前端小白，还是有基础的开发者，只要你有接受新事物的决心，那么本书就能帮助你顺利入门小程序开发。从环境搭建到小程序语法讲解，从组件表单到网络请求，每一个知识点都手把手地教你。

——知识点太多怕学不会？没关系，每个章节都配有例子帮助你理解知识点。

本书特点

（1）本书以理论知识的介绍为辅，以大量实例代码讲解为主，通过精心选择的典型例子帮助读者更好地理解开发中的重点、难点。

（2）循序渐进、轻松易学。本书的章节内容由浅入深，从简单的知识点开始，一点点增加难度，激发读者的阅读兴趣，让读者能够真正学到小程序的开发技术。

（3）技术新颖、与时俱进，采用目前最新的小程序版本，避免学习旧版本导致知识不通用。结合时下热门的小程序 UI 框架，如 WeUI、iView、Vant Weapp 等，让读者在学习小程序的同时了解更多方便易用的 UI 框架。对于无法全面讲解的一些框架，给出了官方文档的详细地址，以供参考。

（4）贴近读者、结合实际。书中使用的 UI 框架、实战练习等都是实际开发中常见、使用率高的，保证可以学以致用。

本书读者

- 微信小程序开发初学者、前端开发工程师
- 无开发经验、对微信小程序感兴趣的人员
- 想要开发属于自己的微信小程序的独立开发者
- Android（安卓）和 iOS 等移动 App 开发人员
- 高等院校和各种培训机构的师生

源码下载

请用微信扫描右边的二维码，可转到自己的邮箱下载。如果在学习本书的过程中发现问题，请发邮件到 booksaga@163.com，邮件主题为"微信小程序开发从零开始学"。

李一鸣

2021 年 1 月

目　　录

第 1 章　初识微信小程序 …………………… 1

1.1　微信小程序简介 ……………………… 1
　　1.1.1　微信小程序的诞生 ……………… 1
　　1.1.2　微信小程序与 App 的区别 ……… 2
　　1.1.3　微信小程序未来的发展 ………… 3
1.2　上手前的准备工作 …………………… 3
　　1.2.1　需要掌握的技术 ………………… 3
　　1.2.2　申请小程序 ……………………… 3
　　1.2.3　安装 Node.js 和 NPM …………… 5
　　1.2.4　安装 Git ………………………… 7
　　1.2.5　微信开发者工具的安装 ………… 7
1.3　制作第一个小程序 …………………… 8
　　1.3.1　HelloWorld ……………………… 8
　　1.3.2　编辑器的使用 …………………… 10
　　1.3.3　调试器的使用 …………………… 10
　　1.3.4　模拟器的使用 …………………… 12
1.4　小结 …………………………………… 12

第 2 章　微信小程序框架 …………………… 13

2.1　微信小程序代码构成 ………………… 13
　　2.1.1　WXML …………………………… 14
　　2.1.2　WXSS …………………………… 14
　　2.1.3　WXS ……………………………… 15
2.2　微信小程序框架配置 ………………… 15
　　2.2.1　目录结构 ………………………… 15
　　2.2.2　app.json ………………………… 16
　　2.2.3　app.js …………………………… 17
　　2.2.4　app.wxss ………………………… 19

2.3　基础组件 ……………………………… 19
　　2.3.1　组件属性类型 …………………… 19
　　2.3.2　组件公共属性 …………………… 20
2.4　生命周期与页面跳转 ………………… 21
　　2.4.1　生命周期函数 …………………… 21
　　2.4.2　页面跳转 ………………………… 24
2.5　小结 …………………………………… 25

第 3 章　小程序组件 ………………………… 26

3.1　视图容器组件 ………………………… 26
　　3.1.1　视图容器 view …………………… 26
　　3.1.2　滚动视图 scroll-view …………… 30
　　3.1.3　可移动视图 movable-view ……… 33
　　3.1.4　覆盖视图 cover-view …………… 34
　　3.1.5　滑块视图 swiper ………………… 35
3.2　内容组件 ……………………………… 37
　　3.2.1　图标 icon ………………………… 38
　　3.2.2　进度条 progress ………………… 41
　　3.2.3　文本 text ………………………… 42
3.3　导航组件 ……………………………… 44
3.4　小程序 UI 框架 ……………………… 45
　　3.4.1　WeUI ……………………………… 46
　　3.4.2　iView ……………………………… 46
　　3.4.3　Vant Weapp ……………………… 47
3.5　小结 …………………………………… 47

第 4 章　小程序语法 ………………………… 48

4.1　WXML 语法 …………………………… 48

		4.1.1	数据绑定 ··················· 48
		4.1.2	列表渲染 ··················· 51
		4.1.3	条件渲染 ··················· 54
	4.2	WXS 数据类型 ························ 56
		4.2.1	boolean ·················· 56
		4.2.2	number ··················· 56
		4.2.3	string ···················· 56
		4.2.4	array ····················· 56
		4.2.5	object ···················· 57
		4.2.6	function ·················· 57
		4.2.7	date ······················ 57
	4.3	WXS 语法 ································ 58
		4.3.1	变量与运算符 ············· 58
		4.3.2	条件判断与循环 ··········· 61
		4.3.3	WXS 模块 ················· 62
		4.3.4	使用注释 ·················· 62
	4.4	小结 ······································ 63

第 5 章　表单组件与导航组件 ············· 64

5.1	表单组件 ································ 64
	5.1.1	按钮 button ················ 64
	5.1.2	表单输入框 input ·········· 69
	5.1.3	多行输入框 textarea ······ 72
	5.1.4	复选框 checkbox ··········· 76
	5.1.5	单选框 radio ··············· 78
	5.1.6	滑动选择器 slider ·········· 80
	5.1.7	开关选择器 switch ········· 82
	5.1.8	日期时间选择框 picker ···· 84
5.2	数据校验 ································ 92
	5.2.1	常用的校验方式 ··········· 93
	5.2.2	form ····················· 97
5.3	实战练习：登录页 ················ 100
	5.3.1	选择表单组件 ············ 100
	5.3.2	页面实现 ················· 101
5.4	小结 ····································· 104

第 6 章　媒体组件与地图组件 ············· 105

6.1	媒体组件 ······························· 105
	6.1.1	图片组件 image ·········· 105
	6.1.2	摄像头组件 camera ······ 110
	6.1.3	音频组件 audio ·········· 112
	6.1.4	视频组件 video ·········· 114
6.2	地图组件 ······························· 118
	6.2.1	地图组件的使用方式 ····· 118
	6.2.2	定位 ······················ 120
	6.2.3	设置标记与气泡 ········· 123
6.3	小结 ····································· 125

第 7 章　网络请求 ································ 126

7.1	第一条网络请求 ····················· 126
	7.1.1	网络配置 ················· 126
	7.1.2	wx.request ··············· 128
7.2	HTTP 基础知识 ······················ 130
	7.2.1	请求方法 ················· 130
	7.2.2	状态码 ··················· 131
	7.2.3	请求头 ··················· 131
7.3	HTTPS ································ 133
	7.3.1	为什么需要 HTTPS ······· 134
	7.3.2	什么是 HTTPS ············ 134
	7.3.3	HTTPS 的工作过程 ······· 134
	7.3.4	申请 HTTPS ·············· 135
	7.3.5	为什么不一直使用 HTTPS ··· 135
7.4	实战练习：封装 HTTP 拦截器 ··· 135
7.5	小结 ····································· 138

第 8 章　本地数据管理 ························· 139

8.1	数据缓存 ······························· 139
	8.1.1	数据的存储 ··············· 139
	8.1.2	数据的读取 ··············· 143
	8.1.3	数据的删除 ··············· 144
	8.1.4	数据的获取 ··············· 146

8.2	文件管理	147
	8.2.1 文件的下载	147
	8.2.2 文件的保存	149
	8.2.3 文件的读取	151
	8.2.4 文件的删除	152
8.3	小结	153

第 9 章 设备信息与硬件功能 154

9.1	设备信息	154
	9.1.1 获取设备信息	154
	9.1.2 网络状态	158
	9.1.3 设备电量	160
9.2	硬件功能	161
	9.2.1 拨打电话	161
	9.2.2 扫码	163
	9.2.3 剪贴板	164
	9.2.4 震动	166
9.3	小结	167

第 10 章 后台模拟环境搭建 168

10.1	前后端分离	168
10.2	Postman 的安装与使用	169
	10.2.1 Postman 的安装	169
	10.2.2 Postman 的使用	171
10.3	json-server 的安装与使用	171
	10.3.1 json-server 的安装与配置	172
	10.3.2 第一个 json-server 程序	174
10.4	实战练习：使用 json-server 实现增删改查	175

	10.4.1 项目的建立与配置	176
	10.4.2 数据的查询与删除	177
	10.4.3 数据的新增与编辑	180
10.5	小结	184

第 11 章 项目实战 1：抽签应用 185

11.1	项目起步	185
11.2	项目开发	187
	11.2.1 首页开发	187
	11.2.2 新增页面开发	190
	11.2.3 抽签页面开发	192
	11.2.4 我的页面开发	196
11.3	小结	200

第 12 章 项目实战 2：图书商城 201

12.1	项目起步	201
	12.1.1 项目设计	201
	12.1.2 项目框架搭建	203
12.2	后台环境准备	204
	12.2.1 后台环境搭建	205
	12.2.2 后台数据创建	205
12.3	项目开发	207
	12.3.1 首页开发	208
	12.3.2 分类页面开发	212
	12.3.3 商品详情页面开发	215
	12.3.4 购物车页面开发	218
	12.3.5 我的页面开发	221
12.4	小结	224

第 1 章

初识微信小程序

本章旨在为学习微信小程序的初学者介绍该技术的基本发展情况,以及如何从零开始搭建开发环境,再到运行自己的第一个程序,让读者对小程序开发有一个初步的印象。除了微信小程序本身,笔者还会把小程序与传统 App 开发进行横向比较,综合谈谈未来的发展并提出建议。

本章主要涉及的知识点有:

- 微信小程序简介
- 上手前的准备工作
- 制作第一个小程序

1.1 微信小程序简介

在学习一个新的技术前,我们应该对它进行一个基本的了解。微信小程序简称小程序,英文名为 Mini Program,它的特点在于不需要下载安装,直接通过微信打开就可以使用。截至 2019 年,微信的日活用户已经达到 10 亿。依托于微信的生态系统,大量企业纷纷推出自己的小程序,开发小程序的市场潜力巨大。

1.1.1 微信小程序的诞生

微信最初提供了公众号这一功能,方便各大企业、组织在微信中为用户提供服务。随着业务的发展,公众号也显现出了它的局限性,毕竟简约的公众号内置功能没有 App 丰富全面。

微信官方于 2016 年 9 月 21 日开始第一批微信小程序内测,最终于 2017 年 1 月 9 日正式发布微信小程序功能。

1.1.2 微信小程序与 App 的区别

有的公司可能会在 App 和小程序当中举棋不定，其实导致纠结的原因主要是他们没有深刻理解 App 和小程序之间的区别。看似小程序的很多功能、操作方式和 App 并无二致，但实际上在开发和设计两端小程序和 App 有很多本质上的不同。首先我们从产品的角度做一个简单的分析，如表 1.1 所示。

表 1.1 小程序和 App 的区别

区别点	小程序	App
开发成本	一套代码，多端适配	iOS、Android 需要单独开发
产品发布	提交微信公众平台审核	在各大应用商店提交，Android 平台需要软件著作权
下载安装	在微信中扫码、搜索、分享附近的小程序	从应用商店下载安装
内存占用	与微信共用	单独占用
功能区别	代码限制 2MB，仅可用微信提供的功能	可实现完整的功能

除了上述区别外，还有一些细节，比如小程序不需要重复申请手机权限、消息推送等，这里就不一一列举了。作为一个同时开发过 iOS、Android 和小程序的程序员，笔者打算深入讨论一下微信小程序适合做什么、不适合做什么。微信小程序有一个很大的特点，就是用完即走，从微信中打开附近的小程序，可以看到大多数小程序都符合这个定位，如图 1.1 所示。从前面表 1.1 给出的区别中可以看到 App 主要的优势在于功能完整。

图 1.1 附近的小程序列表

在前面的区别列举中，我们可以看到 App 的主要优势在于可以构建一个完整、全面的应用。选择微信小程序还是 App，主要看产品的定位。比如要做一个外卖、共享单车之类的应用，就完全符合小程序的用完即走功能。如果要做的是一个音乐软件、大型游戏，就没有办法做到用完即走，而且微信对代码包大小的限制也使得这种应用无法实现。

总的来看，小程序突出了轻便，App 则是完整。当然，在预算充足的情况下，两个都做是最好的。

1.1.3 微信小程序未来的发展

从目前的市场来看，小程序在几年的发展之后取得了不错的成果。目前微信作为一个装机必备应用，拥有极大的市场，只要微信官方不放弃它，就不会消失。另外，它诞生的目的并不是要取代 App，毕竟微信也是一个 App。未来的小程序更像是要与 App 共生，各大公司会根据自己的具体需求选择 App 或小程序，所以不用担心影响了彼此的市场。

这些年技术更新换代十分迅速，可能你刚掌握了 Android 或者 iOS 开发，公司就让你试着研究微信小程序，然后从未接触过这门技术的你会觉得十分无助。其实这些都是正常的，面对未知的事物都有一些抵触心理。不过对于程序员来说，应该积极地拥抱变化，要活到老学到老，想一门技术用一辈子迟早会被淘汰的。其实，只要拥有扎实的基础知识，精通了一门技术后再学其他的技术是很快的，各个语言是有相通之处的。

尤其是在 2020 年疫情期间，基本所有省市的健康码都使用了小程序，进一步促进了小程序的发展，也让所有人认识到小程序的方便性。

1.2 上手前的准备工作

"工欲善其事，必先利其器"。在介绍完了小程序后，我们再来了解一下想要开发小程序前需要准备什么。本节我们分别对需要掌握的基础技术、安装必备的工具和如何申请小程序账号进行讲解。

1.2.1 需要掌握的技术

微信小程序的 WXML、WXSS、WXS 与前端的那一套很像，所以读者至少需要掌握 HTML、CSS、JS 的基础知识，如果对这些还不太了解，建议先花几天时间学习一下。在此基础之上，如果有某些前端框架（如 Angular、React、Vue 等）的使用经验，则学习起小程序来会更加游刃有余。

1.2.2 申请小程序

申请小程序和公众号一样，要去微信公众平台，网站地址为 https://mp.weixin.qq.com。

（1）在首页单击右上角的"立即注册"按钮，打开选择页面。需要注意的是，账号类型后期无法更改，本例选择"小程序"选项，之后填写自己的邮箱进行注册并激活就可以了，如图 1.2 所示。

图 1.2 账号类型选择

（2）根据账号主体类型不同，还需要进行信息登记，好消息是个人可以申请（不一定必须是企业）。同样，主体类型也是不可改变的，如果填错就需要换一个邮箱重新注册。不同主题类型说明如图 1.3 所示。

帐号主体	范围
个人	18岁以上有国内身份信息的微信实名用户
企业	企业、分支机构、企业相关品牌。
企业（个体工商户）	个体工商户。
政府	国内、各级、各类政府机构、事业单位、具有行政职能的社会组织等。目前主要覆盖公安机构、党团机构、司法机构、交通机构、旅游机构、工商税务机构、市政机构等。
媒体	报纸、杂志、电视、电台、通讯社、其他等。
其他组织	不属于政府、媒体、企业或个人的类型。

图 1.3 账号主题类型选择说明

（3）申请完毕之后即可进入小程序管理页面，将信息填写完毕会显示已完成。内容基本上都是小程序名、小程序头像、简介等。这里还要提示一下，名称、头像等大多数设置项基本都有修改次数限制，所以要考虑好了再填。完成后的界面如图 1.4 所示。

（4）到这里，申请微信小程序可以说是告一段落了。此时，需要把小程序 ID 找出来，之后的开发过程中会用到。单击左侧列表的"开发→开发设置"选项，即可看到小程序 ID，如图 1.5 所示。

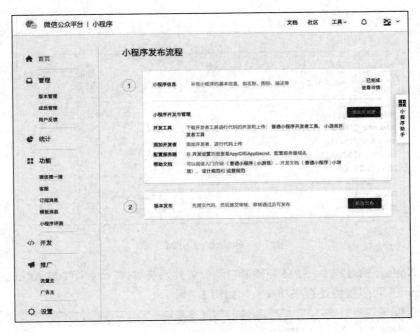

图 1.4　微信小程序管理页面

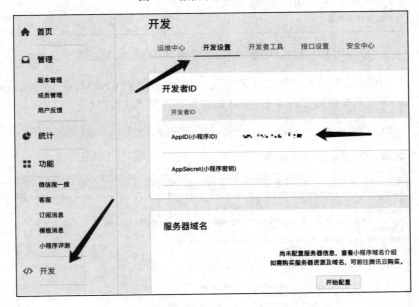

图 1.5　微信小程序 ID

1.2.3　安装 Node.js 和 NPM

Node.js 是一个基于 Chrome V8 引擎的 JavaScript 运行环境，而 NPM（Node Package Manager，node 包管理器）是 Node.js 默认的以 JavaScript 编写的软件包管理系统。安装方法十分简单，打开 Node.js 中文网的网址 http://nodejs.cn/download/，选择对应自己操作系统版本的 Node.js 安装包即可下载，如图 1.6 所示。

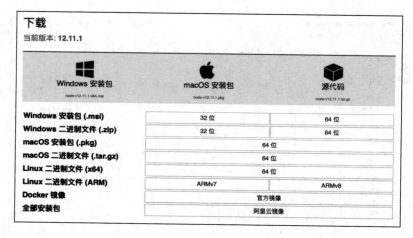

图 1.6　Node.js 与 NPM 下载

在安装 Node.js 的过程中，NPM 会随着自动安装到系统中。在命令行中输入"npm --version""node --version"可以检测是否成功安装，如图 1.7 所示。

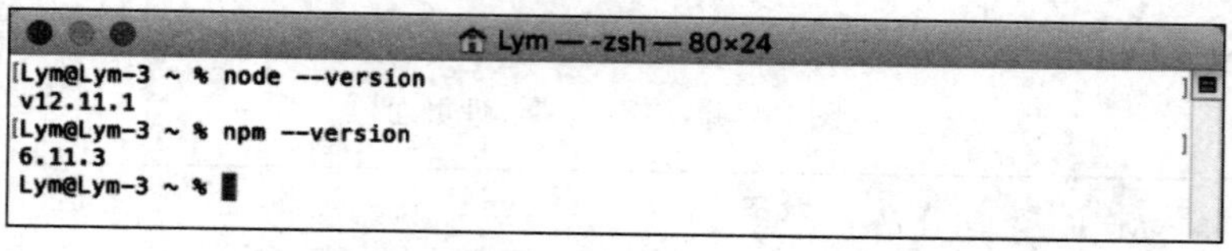

```
[Lym@Lym-3 ~ % node --version
v12.11.1
[Lym@Lym-3 ~ % npm --version
6.11.3
Lym@Lym-3 ~ %
```

图 1.7　查看当前操作系统安装的 Node.js、NPM 版本

如果在使用 NPM 安装第三方库时经常失败，可以选择使用 CNPM。在安装或升级完 Node.js 后，运行以下命令可以安装淘宝提供的 NPM 软件包库的镜像 CNPM：

```
npm install -g cnpm --registry=https://registry.npm.taobao.org
```

安装命令的成功输出如图 1.8 所示。

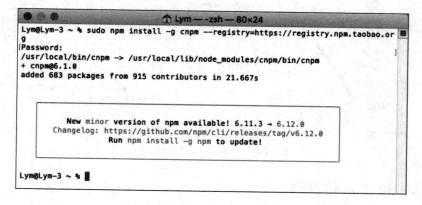

图 1.8　使用 NPM 安装 CNPM

命令成功执行完毕以后，使用 NPM 命令的地方就都可以用 CNPM 来代替了。接下来文中的内容依然使用 NPM 命令。安装了 CNPM 的读者可以自行替换。

提　示
CNPM 支持 NPM 中除 publish 之外的所有命令。使用 npm install 等命令失败时，Windows 用户可以尝试使用管理员身份运行命令行，Mac OS、Linux 用户可以尝试在命令前加上 sudo。

到目前为止，Node.js 和 NPM 的安装就算完成了。最后，读者可以检查本地的版本号，尽量保证所使用的版本大于或等于笔者的版本。

1.2.4　安装 Git

Git 是一个开源的分布式版本控制系统，由 Linux 之父 Linus Torvalds 所开发。目前基本所有的开源项目都发布在使用 Git 的 Github 网站上，包括 Angular 这个开源项目也上传到了该平台，其 Github 的网址为 https://github.com/angular/angular。

在使用开发微信小程序的过程中，如果要使用第三方 UI 库，就需要在操作系统中安装好 Git。对于 Git 的安装首选，当然是从官方网站获取，打开官方网站，选择对应的操作系统下载即可，如图 1.9 所示。

图 1.9　Git 的官方下载网站

安装完毕后输入以下指令，验证 Git 是否成功安装并检查安装的版本，如图 1.10 所示。

```
git --version
```

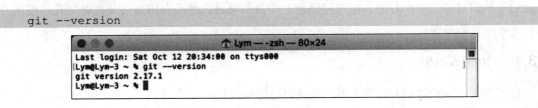

图 1.10　验证 Git 是否成功安装以及被安装的版本

1.2.5　微信开发者工具的安装

微信小程序官方推出了自己的开发工具。官方上的工具一般功能都会比较全面，所以本书的开发工具就直接选择它了。首先打开浏览器，下载地址是 https://developers.weixin.qq.com/miniprogram/dev/devtools/download.html，如图 1.11 所示。

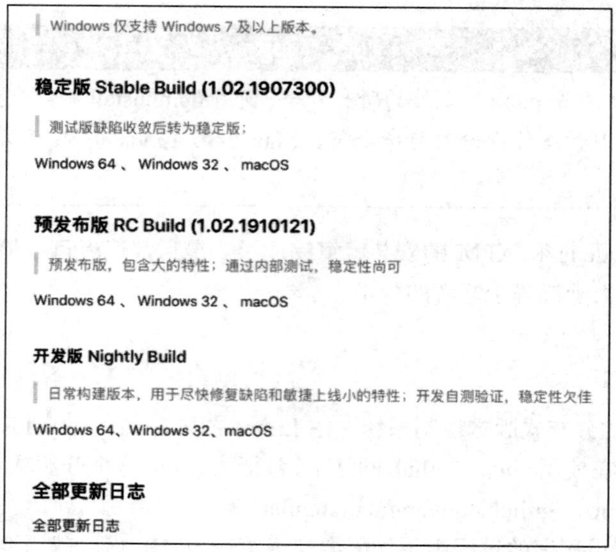

图 1.11 微信开发者工具下载

微信开发者工具分为多个版本，本书以稳定版作为教学工具，读者也可以根据自己的需求进行选择。

1.3 制作第一个小程序

不管学习什么技术，都需要迈出第一步，纸上谈兵是无法进步的，所以建议将本书所有的实战项目都照着做一下。微信开发者工具中的大多数操作按钮提示都是中文的，使用起来也相对便捷一些，所以就不需要抱怨又要学一个新的工具了。现在开发环境和工具都已安装完毕，让我们开始创建第一个小程序！本节先创建一个新的项目，然后介绍微信开发者工具的使用方法，了解项目的结构。

1.3.1 HelloWorld

打开之前安装的微信开发者工具，登录自己的微信就可以使用了。

【示例 1-1】

单击"新建项目"按钮，创建一个经典的 HelloWorld 项目。因为暂时只是练习用，所以 AppID 选择测试号，如图 1.12 所示。

第 1 章 初识微信小程序 | 9

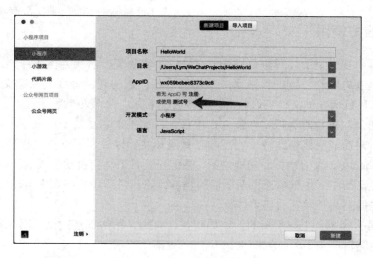

图 1.12 创建新的微信小程序

进入到项目中看到如图 1.13 所示的窗口。微信开发者工具如（微信小程序）的理念一般，排列的结构和功能设计简单明了。该应用整体上可以分为顶部的导航栏、模拟器、编辑器、调试器四个部分，右侧写代码，左侧看样式，底部输出调试。顶部导航栏中的每个按钮都有中文标记，基本上不难理解它的意思，之后用到的时候会讲，这里就不单独列出用法了。在接下来的小节中，我们将分别对模拟器、编辑器、调试器这 3 个模块的基本用法进行讲解。

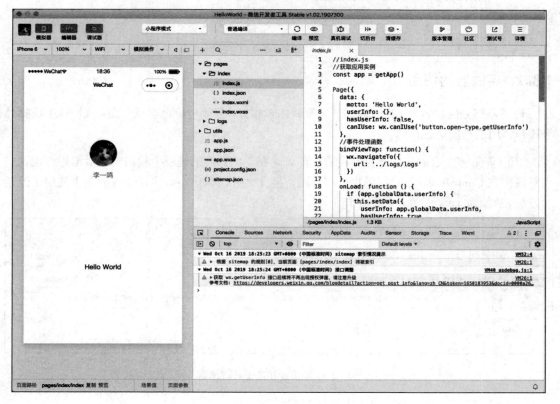

图 1.13 微信开发者工具主界面

1.3.2 编辑器的使用

编辑器算是中规中矩的，左侧是目录、文件的层级列表，右侧为代码部分。这部分的功能并不复杂，这里首先解释左侧的目录区。从左到右各按钮的功能分别是新建文件/目录、文件/内容搜索、打开项目所在的文件夹、收起所有展开的目录、隐藏左侧目录区。

值得一提的是，新建时会把文件建立在根目录，如果需要在某个目录下，就在该目录下右击后新建。该新建功能封装得比较丰富，除了目录和文件以外，还支持直接创建页面（Page）和组件（Component）。以创建页面功能为例，微信开发者工具会自动生成 js、json、wxml、wxss 四个文件，并会自动在文件里填充页面所需的基本代码，最后还会将页面自动注册到 app.json，可以说是极大地提高了开发者的使用体验。

右侧写代码的区域是中规中矩的，比如查找、剪贴、粘贴、格式化代码等基本都有，具体的快捷键和其他编辑器差不多，如图 1.14 中的右键菜单所示。

图 1.14　代码编辑区右键菜单

1.3.3 调试器的使用

调试器部分的内容与 Chrome 的开发模式比较相似，整体功能也非常全面，我们从中选择几个比较常用的功能进行讲解。

（1）首先解释 Console。它最常用的功能就是在我们开发的过程中输出一些数据进行调试，当然直接在 Console 里写 JS 代码也是可以的。除此之外，微信小程序还会提醒是否使用了过期的方法、列出页面索引等，如图 1.15 所示。

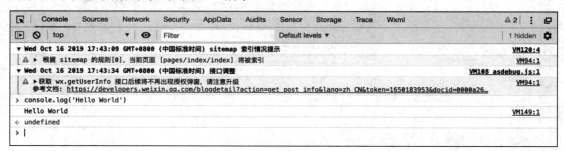

图 1.15　微信开发者工具调试器

（2）接着解释 Sources。在该选项卡中可以看到文件的目录，而且支持断点功能。以 HelloWorld 项目为例，找到 pages/index/index/index.js，在 onLoad 函数中设置一个断点，单击顶部的编译按钮重新运行项目，就可以看到断点生效了，如图 1.16 所示。

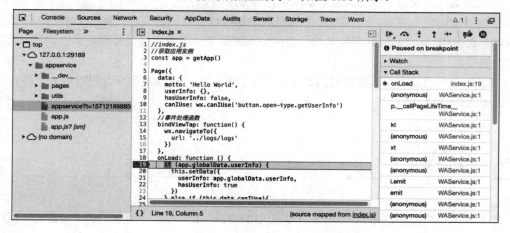

图 1.16　在 Sources 中进行断点调试

（3）Network 的功能也很简单明了。所有的网络请求都能在这里看到，以项目中用户头像图片的请求举例。在 Headers 中，我们可以看到请求的 URL、请求类型、状态码、Content-Type 等必要信息，如图 1.17 所示。如果不看图片之类的请求，可以在上方切换分类为 XHR。

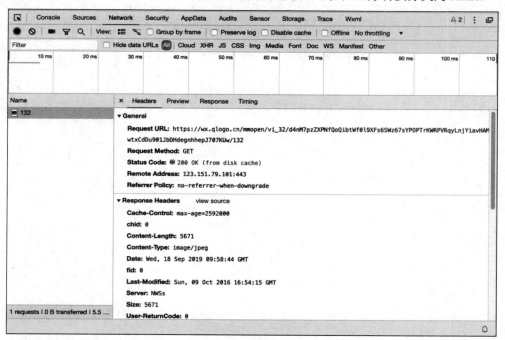

图 1.17　在 Network 中查看请求头

（4）Storage 也比较常用，我们使用 wx.setStorage 存储的数据都可以在这里一目了然地看到，与前端 localStorage 不同的是，除了字符串，其他对象、数组等类型都可以存储。

1.3.4 模拟器的使用

回到图 1.13，我们可以看到模拟器默认在屏幕左边。

这里的功能也不复杂，顶部第一个按钮用于切换模拟器的类型，比如 iOS 设备、Android 设备等都在其中。与 Chrome 不同的是，切换完不需要手动刷新也可以看到完整的效果，模拟器会自动重载。

剩下的几个功能为页面缩放比例调整、网络类型切换、模拟操作（返回键等）、静音、为模拟器单独创建窗口。

1.4 小结

本章介绍了微信小程序，做好了制作小程序的准备工作，最后还创建了第一个微信小程序，可称作牛刀小试。作为第一个小程序，我们并没有修改或者添加代码，因为本章主要讲解微信开发者工具的用法，至于详细的代码部分，我们会在后面的章节中陆续学到。学完本书，创造一个功能完整的小程序就不在话下了。

第 2 章

微信小程序框架

在工作的过程中,我们通常会列一个简明的大纲,作为一个具体的实现目标的方案途径。有了完整的计划,我们就可以对全局掌握一个大概的方向,这时将计划付诸实现就容易得多了,就像一本技术书没有目录是不行的。同样的道理,在学习一门技术的时候,我们首先需要对它的全局有一个了解,比如它都包含哪些知识点、需要重点学习哪个方向等。总而言之,没有形成一个整体的知识架构,学习效率会大打折扣,所以本章首先对小程序的整体结构做一个讲解。在之后的章节中我们按照这个思路去学习,就能全面掌握书中的知识点。

本章主要涉及的知识点有:

- 微信小程序代码构成
- 微信小程序框架配置
- 基础组件
- 生命周期与路由

2.1 微信小程序代码构成

微信小程序与前端比较类似,主要文件类型为 WXML、WXSS、WXS,分别对应了前端的 HTML、CSS、JS,所以有前端基础的读者,能更好地理解并掌握小程序的代码结构。值得一提的是,虽然两种技术非常相似,但是它们还是有明显区别的,在接下来的内容中,我们会基于与前端的区别来进行讲解。

2.1.1 WXML

WXML（WeiXin Markup Language）是框架设计的一套标签语言，结合基础组件、事件系统可以构建出页面的结构。与传统的 HTML 相比，WXML 的标签更少一些，HTML 中分为<div>、<p>、<span>、<h1>等，种类繁多，而常用的是<view>、<text>、<image>等。小程序通过封装使得选择变少，基本上视图容器用<view>、文本用<text>就可以满足大多数需求。

虽然标签变少了，但是小程序给标签封装了很多实用的功能。以<text>举例，它的 selectable 属性可以控制文本是否可以选择，space 控制是否可以连续显示空格，decode 控制是否将文本解码。所以，对于常用的自带属性，我们需要牢牢记住，否则重复造轮子将无法提高开发效率。

最后说说 WXML 的一些语法。熟悉 Angular、Vue 等前端框架的读者可能会知道数据绑定、列表渲染、条件渲染，使用这些功能可以轻易实现在标签页中使用 for、if 等语句。WXML 也提供了类似的功能，具体的使用方式我们会在后面的章节中进行讲解。

2.1.2 WXSS

WXSS（WeiXin Style Sheets）是一套样式语言，用于描述 WXML 的组件样式。比起 WXML 和 HTML，WXSS 与 CSS 的区别不是很大，基本上 CSS 能用的 WXSS 都可以用。

为了更适应小程序，WXSS 有两个比较明显的改动——尺寸单位与样式导入。

尺寸单位上推出了一种叫 rpx（responsive pixel）的单位。相比 px，rpx 可以根据屏幕宽度进行自适应，效果见表 2.1。

表 2.1 rpx 的换算

设 备	rpx 换算为 px（屏幕宽度/750）	px 换算为 rpx（750/屏幕宽度）
iPhone 5	1rpx = 0.42px	1px = 2.34rpx
iPhone 6	1rpx = 0.5px	1px = 2rpx
iPhone 6 Plus	1rpx = 0.552px	1px = 1.81rpx

可以看到在 iPhone 6 上，1px 正好等于 2rpx，所以官方也建议设计师使用 iPhone 6 的尺寸作为设计稿视觉标准。

样式导入使用@import 语句可以导入外联样式表，@import 后跟需要导入的外联样式表的相对路径，用";"表示语句结束。示例代码如下：

```
/** common.wxss **/
.back-color {
  background-color: white;
}

/** app.wxss **/
@import "common.wxss";
```

2.1.3 WXS

WXS（WeiXin Script）是小程序的一套脚本语言，跟 JavaScript 比较相似，但也有自己独特的特性。WXS 的运行环境和其他 JavaScript 代码是隔离的，WXS 中不能调用其他 JavaScript 文件中定义的函数，也不能调用小程序提供的 API。根据官方公布的内容，在 iOS 设备上小程序内的 WXS 会比 JavaScript 代码快 2~20 倍。在 Android 设备上，二者的运行效率无差异，这种差异是由运行环境造成的。

虽然官方说 WXS 与 JavaScript 是不同的语言，有自己的语法，但是整体使用下来会发现很多内容还是十分相似的，比如数据类型基本相同，声明变量还是 var，if、for 的写法也没有区别，slice、replace 等用法也都一样。所以，拥有 JavaScript 基础还是对学习小程序有很大帮助的。

> **提 示**
>
> 在开发的过程中难免遇到一些小问题，如果关键词用小程序搜不到，就直接搜 JavaScript，比如"JavaScript 如何分割字符串"，将方法复制过来基本都能直接用，最多改两行就可以。

WXML、WXSS、WXS 与前端 HTML、CSS、JS 的区别，读者大概了解了，可以看出小程序与前端的技术重合度相对来说比较高，毕竟小程序的实现也是建立在封装之上的。所以，没有前端基础的读者最好把前端的知识补一补，这样知其然更知其所以然。

2.2 微信小程序框架配置

本节讲讲框架配置，内容并不多，重点掌握以下两点即可：一是新生成的项目目录结构是怎么样的，每个文件都有什么作用；二是几个主要文件的配置方法。

2.2.1 目录结构

打开项目，观察项目的文件目录结构，如图 2.1 所示。

从图 2.1 中可以看出，层级结构比较分明。下面我们按照图中出现的顺序来介绍大概的用处。

pages 下的为页面目录，这里有两个页面，分别为 index 和 logs。json 是页面配置文件，剩余的 js、wxml、wxss 是页面的逻辑、标签和样式。

utils 是工具类的文件夹，也可以另外新建一些文件夹来替代它。

再来看 project.config.json 和 sitemap.json。project.config.json 是一个项目配置文件，设置是否转换 ES6、显示当前使用库版本等。sitemap.json 配置小程序是否允许被微信索引。默认是所有页面都可以被索引。如果要修改索引方式，方法也十分简单，我们先看一下默认的配置，代码如下：

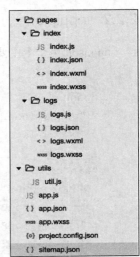

图 2.1 小程序文件目录

```
{
  "rules": [{
  "action": "allow",
  "page": "*"
  }]
}
```

rules 是一个数组,可以设置多条规则,关键在于里面的元素。action 中的 allow 是允许,disallow 是不允许。page 是目录,如果填写星号,则是所有。规则就是这么简单,我们来完成一个例子。

【示例 2-1】

允许索引 home 页面,禁止索引其他所有页面:

```
{
  "rules": [
    {
      "action": "allow",
      "page": "pages/index/index"
    },
    {
      "action": "disallow",
      "page": "*"
    }
  ]
}
```

内容基本就是这么多。因为这两个文件在开发中用到的并不是很多,所以暂时不用管它们。

2.2.2　app.json

app.json 是一个主要的公共配置文件,我们直接看里面默认的内容。

```
{
  "pages": [
    "pages/index/index",
    "pages/logs/logs"
  ],
  "window": {
    "backgroundTextStyle": "light",
    "navigationBarBackgroundColor": "#fff",
    "navigationBarTitleText": "WeChat",
    "navigationBarTextStyle": "black"
  },
```

```
    "sitemapLocation": "sitemap.json"
}
```

首先是参数 pages，它接收的是一个数组，里面存放着所有的页面，所有的页面都必须在这里写上路径才可以使用。如果使用第 1 章中微信开发者工具的新建页面功能，就可以自动在 pages 填充新的页面，不需要进行任何操作。

接着是参数 window，从参数内容读者应该能猜到一个大概。它主要用于配置整体页面的背景色、导航栏颜色、导航栏标题等。除了它默认填写的几个参数外，还有一些其他参数，比如说 tabBar 参数，可以用来控制生成底部的选项卡。

【示例 2-2】

这里举一个简单的例子：

```
"tabBar": {
  "selectedColor": "#2C8BEF",
  "list": [
    {
      "selectedIconPath": "resource/images/首页-选中.png",
      "iconPath": "resource/images/首页-未选中.png",
      "pagePath": "pages/tabs/home/home",
      "text": "首页"
    },
    {
      "selectedIconPath": "resource/images/我的-选中.png",
      "iconPath": "resource/images/我的-未选中.png",
      "pagePath": "pages/tabs/mine/mine",
      "text": "我的"
    }
  ]
}
```

通过参数名称很容易看出参数所代表的含义。比如 selectedColor 代表选中时的字体颜色，list 是选项卡的数组，selectedIconPath、iconPath 是选中、未选中时的图标，pagePath 是对应文件目录，text 是选项卡的标题。最后是参数 sitemapLocation，用来配置前面所有的 sitemap.json 文件，一般来说不需要修改。

常见的配置项基本就是这些，这部分内容会在后面的章节经常用到，所以不用担心忘记。

2.2.3 app.js

app.js 可以说是程序的入口，它的最外层由一个 App() 构成，里面是 onLaunch 和 globalData。其中，globalData 是一个变量，写在 app.js 中是为了方便全局调用。下面我们主要分析 onLaunch。

onLaunch 是小程序启动时会加载的一个函数，代码如下：

```js
// 展示本地存储能力
var logs = wx.getStorageSync('logs') || []
logs.unshift(Date.now())
wx.setStorageSync('logs', logs)

// 登录
wx.login({
  success: res => {
    // 发送 res.code 到后台换取 openId、sessionKey、unionId
  }
})
// 获取用户信息
wx.getSetting({
  success: res => {
    if (res.authSetting['scope.userInfo']) {
      // 已经授权，可以直接调用 getUserInfo 获取头像昵称，不会弹框
      wx.getUserInfo({
        success: res => {
          // 可以将 res 发送给后台解码出 unionId
          this.globalData.userInfo = res.userInfo
          // 由于 getUserInfo 是网络请求，可能会在 Page.onLoad 之后才返回
          // 因此此处加入 callback 以防止这种情况
          if (this.userInfoReadyCallback) {
            this.userInfoReadyCallback(res)
          }
        }
      })
    }
  }
})
```

这些代码都是由新项目自动生成的，我们逐行分析。

首先 logs 通过 wx.getStorageSync 获取了存储的数据，并添加一条当前时间，再通过 wx.setStorageSync 保存回去，用以统计使用时间来展示本地存储能力。

接下来是登录方法 wx.login，这个方法会返回一个 code，需要让服务端来换取一些用户数据，其中最重要的就是 openId，这个参数一般作为用户的唯一标识。

最后就是 wx.getSetting 方法，这个方法用于获取用户信息，比如用户昵称、头像等。在这段代码的回调中有一层判断，如果已经授权，则直接获取保存在 globalData 里，方便全局调用。如果没有获取，则不执行任何操作。

注　意

小程序从 2018 年 4 月 15 日起无法自动弹窗获取用户信息，必须制作一个按钮让用户手动点击才能弹窗获取授权，如图 2.2 所示。

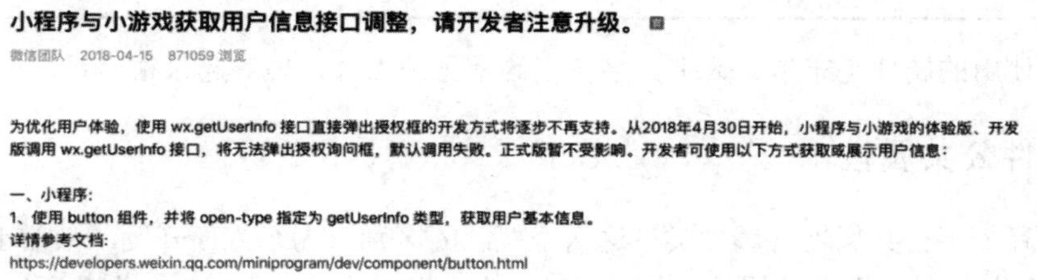

小程序与小游戏获取用户信息接口调整，请开发者注意升级。

微信团队　2018-04-15　871059 浏览

为优化用户体验，使用 wx.getUserInfo 接口直接弹出授权框的开发方式将逐步不再支持。从2018年4月30日开始，小程序与小游戏的体验版、开发版调用 wx.getUserInfo 接口，将无法弹出授权询问框，默认调用失败。正式版暂不受影响。开发者可使用以下方式获取或展示用户信息：

一、小程序：
1、使用 button 组件，并将 open-type 指定为 getUserInfo 类型，获取用户基本信息。
详情参考文档：
https://developers.weixin.qq.com/miniprogram/dev/component/button.html

图 2.2　手动点击弹窗获取授权

2.2.4　app.wxss

app.wxss 是小程序公共样式表，这里声明的样式，在其他 wxml 文件中都可以使用。比如在这个新项目中，app.wxss 中有一个 container 样式，在 index.wxml 中就使用到了该样式，代码如下：

```
<view class="container">
  …
</view>
```

这个文件的主要作用就是方便复用，如果有需要重复使用的样式，可以写在这里。

2.3　基础组件

在微信小程序中，基础组件类似于前端中的 div、span 等标签，是视图层的基本组成单元。小程序的组件提供了一些便利的功能与属性，并且与微信整体的 UI 风格一致，不需要对样式做过多的调整。开发者除了直接使用基础组件外，也可以通过封装自定义组件。灵活地运用组件提供的属性可以有效地提高我们的开发效率。

2.3.1　组件属性类型

组件的属性类型主要有 7 种，如表 2.2 所示。

表 2.2　组件属性类型

类　　型	描　　述	意　　义
boolean	布尔值	组件上有此属性时，任意值都为 true，否则为 false
number	数字	整数与浮点数
string	字符串	普通字符串，例如"zhangsan"
array	数组	普通数组，数组内的参数类型可以不相同

（续表）

类型	描述	意义
object	对象	键值对对象，例如{ name: "zhangsan" }
eventhandler	事件函数	handlerName 是定义的事件处理函数名
any	任意属性	

组件上使用的属性是布尔、数字、字符串等常见的内容，理解起来很容易。

2.3.2 组件公共属性

首先解释一下公共属性与属性类型这两个概念的区别。为了方便开发，微信小程序给每个组件内置了一些属性，即公共属性。每个属性都有自己的类型，即 2.3.1 小节所讲的属性类型，不论是公共属性还是自定义的，都是围绕着这 7 个属性类型展开的。

介绍完了组件的这两个概念，我们继续分析组件的公共属性。组件的公共属性主要有 6 种，如表 2.3 所示。

表 2.3 组件公共属性

属性	类型	意义
id	string	组件的唯一标识
class	string	组件的样式
style	string	组件的内联样式
hidden	boolean	是否隐藏组件
data-	any	自定义属性
bind/catch	eventhandler	事件

从表 2.3 可以看出，组件提供的公共属性并不多，而且 class、style 等属性和 HTML5 中的基本相同，所以需要注意的是自定义属性和事件。

【示例 2-3】

我们举一个简单的例子，讲解一下自定义属性与事件的用法：

```
// wxml
<view data-name="张三" bindtap="tapName">点击获取姓名</view>
// wxs
...
  getUserInfo: function() {
    console.log("张三")
  }
...
```

从代码中可以看出，我们创造了一个 view 标签，data-name 传递了一个值"张三"，bindtap 创建了一个点击事件"tapName"。data-name 属于自定义组件时使用的，在这里不进行展开，只演示传递方法，所以这个"张三"只是传递进去了，并没有获取它。后面的点击事件可以在 wxs 文件中，输入一个同名的方法，执行点击相关的事件。

2.4 生命周期与页面跳转

在 Android、iOS 开发中，每个页面都有属于自己的生命周期，包括创建页面执行、进入页面执行、离开页面执行等。微信小程序的页面样式与 App 非常相似，所以生命周期也大体相同。在一个应用有了页面后，它们之间就要进行跳转、返回了，这就是所谓的页面跳转功能。本节将会创建一个新的 Demo，讲一讲页面的生命周期与跳转。

2.4.1 生命周期函数

【示例 2-4】

（1）新建一个项目 PageTest，AppID 选择测试号，如图 2.3 所示。

图 2.3　创建新项目 PageTest

（2）创造两个页面，用于本节的演示。新建两个文件夹 home、detail，并在文件夹下创建同名的 Page。之后删除项目自动生成的 index、logs 这两个文件夹，如图 2.4 所示。

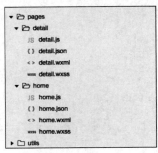

图 2.4　创建新的 Page

（3）现在可能会报错：找不到 index 和 logs 页面。只需要在 app.json 中删除依赖即可，代码如下：

```
{
  "pages": [
    "pages/home/home",
    "pages/detail/detail"
  ],
  "window": {
    "backgroundTextStyle": "light",
    "navigationBarBackgroundColor": "#fff",
    "navigationBarTitleText": "WeChat",
    "navigationBarTextStyle": "black"
  },
  "style": "v2",
  "sitemapLocation": "sitemap.json"
}
```

> **提　示**
>
> 第 1 章讲过，pages 这个数组是存放页面的，如果有不存在的页面，它肯定会报错。那么如何控制首页加载哪个页面呢？很简单，写在第 1 行就会被加载为首页。读者可以将第 1 行的 home 改成 detail 进行测试。

（4）将 app.js 中多余的代码都删除掉，代码如下：

```
//app.js
App({
  onLaunch: function () {

  }
})
```

（5）现在准备工作已经完成。打开 home.js，可以看到里面已经生成了一些代码，删掉无用的代码，给生命周期函数加上注释和 console.log 来监控它们的执行状态，代码如下：

```
...
  /**
   * 生命周期函数--页面创建时执行
   */
  onLoad: function (options) {
    console.log('执行 onLoad');
  },

  /**
   * 生命周期函数--页面出现在前台时执行
```

```
     */
    onShow: function () {
      console.log('执行 onShow');
    },

    /**
     * 生命周期函数--页面首次渲染完毕时执行
     */
    onReady: function () {
      console.log('执行 onReady');
    },

    /**
     * 生命周期函数--页面从前台变为后台时执行
     */
    onHide: function () {
      console.log('执行 onHide');
    },

    /**
     * 生命周期函数--页面销毁时执行
     */
    onUnload: function () {
      console.log('执行 onUnload');
    }
    ...
```

（6）运行代码，可以看到控制台中的输出，如图 2.5 所示。

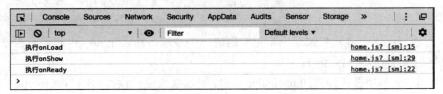

图 2.5　生命周期函数的输出

通过输出项，我们可以得出以下几个结论：

- 执行顺序为 onLoad、onShow、onReady。
- onLoad 方法在创建时会执行，只执行一次，可以进行一些数据操作。
- onShow 方法会在页面返回时执行，下一节会进行测试。
- onReady 方法会在页面渲染完成后执行一次，可以执行一些 UI 操作。

页面的切换和隐藏通常是在页面跳转时发生的，所以剩下的几个方法和 onShow 方法的测试留到下一小节。

2.4.2 页面跳转

在上一小节，我们对组件的生命周期做了讲解，本小节中主要讲解页面跳转，并结合起来深入解释生命周期。

想要进行页面跳转，主要有两种方法，下面通过示例来说明。

【示例 2-5】

本例实现了从 home 页跳转到 detail 页，代码如下：

```
// home.wxml
<!--pages/home.wxml-->
<text>pages/home.wxml</text>
<!-- 方法 1 -->
<button bindtap="toDetail">页面跳转</button>
<!-- 方法 2 -->
<navigator url="../detail/detail" open-type="navigateTo">跳转到新页面</navigator>
// homme.js
...
  // 跳转到 detail
  toDetail: function() {
    console.log('页面跳转')
    wx.navigateTo({
      url: '../detail/detail'
    })
  }
...
```

（1）方法一：这个跳转方式最为常见，创造一个按钮，然后在 wxs 中实现点击事件，其中 url 填写跳转页面的相对路径即可。

（2）方法二：利用微信提供的 navigator 组件，可以直接通过设置 url 和 open-type 实现跳转。navigator 是导航组件的一种，在后面的章节会有详细讲解，当前优先使用在 JS 中完成跳转的方法。

接下来点击页面跳转，可以看到控制台输出，如图 2.6 所示。

图 2.6 跳转页面输出

可以看到，在页面跳转的时候输出了"执行 onHide"，那么为什么没有出现"执行 onUnload"呢？因为跳转页面后 home 页只是隐藏的，并没有被销毁。

为了测试 onUnload 方法的执行，我们可以在 detail.js 的 onUnload 方法中添加输出，代码如下：

```
// detail.js
...
  /**
   * 生命周期函数--监听页面卸载
   */
  onUnload: function () {
    console.log('detail 页执行 onUnload');
  }
...
```

重新运行程序进行测试，在页面跳转后，单击左上角的返回按钮，可以看到控制台的输出，如图 2.7 所示。

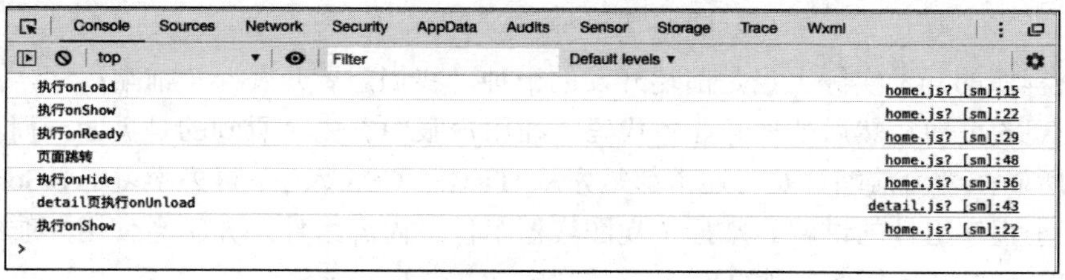

图 2.7 跳转页面输出

从图 2.7 中可以看到，离开 detail 页时执行了 onUnload 方法，离开时再次进入了 home 页，所以 onShow 方法也再次执行了。

最后介绍 onUnload 和 onShow 的应用场景。比如一个页面有一个计时器，我们想在页面销毁的时候进行关闭，就可以把停止方法写在 onUnload 方法中，如果写在 onHide 方法中，就可能会出现返回后计时器中断的现象。onShow 方法一般用于页面刷新，比如再次返回该页面，想要刷新数据时，就可以把网络请求写在 onShow 方法中，保持页面数据为最新。只要灵活掌握这几个生命周期方法，本节的任务就算完成了。

2.5 小结

本章介绍了微信小程序的整体框架，包括代码构成、框架配置和基础组件。本章概念性的内容较多，可能学习起来比较枯燥，但是我们更应该用心去掌握这些知识点。掌握整体框架结构后，对之后的学习是十分有益的，接下来的章节只需要逐个击破分支知识点，就能全面掌握微信小程序的开发了。

第 3 章

小程序组件

微信小程序的开发实际上也是前端开发的一种。我们想要开发一个前端程序,首先要做的就是创建美观的页面,然后处理好业务代码。在用户眼中首先会看到的是页面,而不会关心代码的实现,所以在学习前端开发时通常都是先从 HTML、CSS 入手,再去学习 JavaScript。所以,本章先进行小程序组件的讲解。掌握了视图容器组件、内容组件,并学会使用导航组件进行跳转后,我们就可以开始搭建各种页面了。

本章主要涉及的知识点有:
- 视图容器组件
- 内容组件
- 导航组件
- 小程序 UI 框架

3.1 视图容器组件

视图容器组件的主要作用就是"容器",与按钮、文字、进度条等组件不同,它主要由普通视图、滑动视图、拖动视图等构成,就像我们在画图时的一个个背景画布。

3.1.1 视图容器 view

view 是最基本的视图容器,与前端的 div 标签比较类似,自身没有任何大小颜色属性,通常作为一个基本容器存在。view 的自带属性如表 3.1 所示。

表 3.1 view 组件的自带属性

属 性	类 型	默认值	说 明
hover-class	string	none	按下去的样式,如果为 none 则没有效果
hover-stop-propagation	boolean	false	是否组织本节点的父节点出现点击态
hover-start-time	number	50	按住后多久出现点击态,单位为毫秒
hover-stay-time	number	400	松开后点击态保留时间,单位为毫秒

【示例 3-1】

（1）新建一个项目 components，用于本节的代码展示。

（2）清空 index.wxml 和 index.js 的代码，并输入以下代码：

```
// index.wxml
<view>小程序视图组件测试</view>

<button
  style="margin-top:15px"
  bindtap="testView">view</button>

<button
  style="margin-top:15px"
  bindtap="testScrollView">scroll-view</button>

<button
  style="margin-top:15px"
  bindtap="testMovableView">movable-view</button>

<button
  style="margin-top:15px"
  bindtap="testCoverView">cover-view</button>

<button
  style="margin-top:15px"
  bindtap="testSwiper">swiper</button>

// index.wxs
view {
  margin: 16px;
}

// index.js
...
  testView() {
    wx.navigateTo({
```

```
      url: '../view/view',
    })
  },
  testScrollView() {
    wx.navigateTo({
      url: '../scroll-view/scroll-view',
    })
  },
  testMovableView() {
    wx.navigateTo({
      url: '../movable-view/movable-view',
    })
  },
  testCoverView() {
    wx.navigateTo({
      url: '../cover-view/cover-view',
    })
  },
  testSwiper() {
    wx.navigateTo({
      url: '../swiper/swiper',
    })
  }
...
```

（3）运行代码，首页效果如图3.1所示。在接下来的小节里，我们将通过点击不同的按钮进入到对应的组件展示中。

图3.1　首页各功能演示选择列表

（4）接下来新建一个页面view，用来展示本小节的内容，代码如下：

```
// view.wxml
<!--pages/view/view.wxml-->

<view>视图容器测试</view>

<!-- 父级 view -->
<view
  class="parent-view"
  hover-class="hover-view"
  hover-start-time="1000"
  hover-stay-time="2000">

  <!-- 子级 view -->
  <view
    class="sub-view"
    hover-stop-propagation="false">
  </view>

</view>

// view.wxss
.parent-view {
  background-color: gray;
  width: 100%;
  height: 300px;
  display: flex;
  justify-content: center;
  align-items: center;
}

.hover-view {
  background-color: green;
}

.sub-view {
  background-color: white;
  width: 100px;
  height: 100px;
}
```

运行效果如图 3.2 所示。

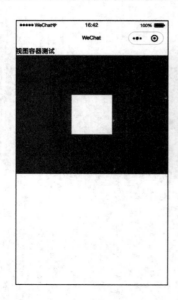 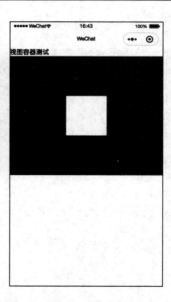

图 3.2　view 组件点击前后的样式变化

【代码解析】我们给 parent-view 设置了 hover-class，在点击的时候颜色会发生变化。另外，延长了 hover-start-time 和 hover-stay-time 的时间，读者可以自行测试代码。最后 sub-view 中的 hover-stop-propagation 设置为 false，所以点击中间白色部分是不会让 parent-view 变色的，如果想传递点击态，只需要改为 true 即可。

3.1.2　滚动视图 scroll-view

介绍完了基本的视图容器，我们继续来看滚动视图容器——scroll-view。scroll-view 的自带属性如表 3.2 所示。

表 3.2　scroll-view 组件的自带属性

属　　性	类　　型	默　认　值	说　　明
scroll-x	boolean	false	是否允许水平滚动
scroll-y	boolean	false	是否允许垂直滚动
upper-threshold	number/string	50	距顶部/左边多远时触发 scrolltoupper 事件
lower-threshold	number/string	50	距顶部/左边多远时触发 scrolltolower 事件
scroll-top	number/string	无	设置垂直滚动条位置
scroll-left	number/string	无	设置水平滚动条位置
scroll-into-view	string	无	值应为某子元素 id（id 不能以数字开头）。设置哪个方向可滚动，则在哪个方向滚动到该元素
scroll-with-animation	boolean	false	在设置滚动条位置时使用动画过渡
enable-back-to-top	boolean	false	iOS 点击顶部状态栏、Android 双击标题栏时，滚动条返回顶部，只支持竖向
enable-flex	boolean	false	启用 flexbox 布局。开启后，当前节点声明了 display: flex 就会成为 flex container，并作用于其子节点

（续表）

属 性	类 型	默认值	说 明
scroll-anchoring	boolean	false	开启 scroll anchoring 特性，即控制滚动位置不随内容变化而抖动，仅在 iOS 下生效，Android 下可参考 CSS overflow-anchor 属性
refresher-enabled	boolean	false	是否开启自定义下拉刷新
refresher-threshold	number	45	自定义下拉刷新高度阈值
refresher-default-style	string	black	设置自定义下拉刷新默认样式，支持设置 black、white、none
refresher-background	string	#FFF	设置自定义下拉刷新区域背景颜色
refresher-triggered	boolean	false	设置当前下拉刷新状态，true 表示下拉刷新已经被触发，false 表示下拉刷新未被触发
bindscrolltoupper	eventhandle	无	滚动到顶部/左边时触发
bindscrolltolower	eventhandle	无	滚动到底部/右边时触发
bindscroll	eventhandle	无	滚动时触发，event.detail={scrollLeft, scrollTop, scrollHeight, scrollWidth, deltaX, deltaY}
bindrefresherpulling	eventhandle	无	自定义下拉刷新控件被下拉
bindrefresherrefresh	eventhandle	无	自定义下拉刷新被触发
bindrefresherrestore	eventhandle	无	自定义下拉刷新被复位
bindrefresherabort	eventhandle	无	自定义下拉刷新被中止

【示例 3-2】

由于 scroll-view 组件支持的属性特别多且大多不常用，因此我们只进行基本功能的展示，代码如下：

```
 // scroll-view.wxml
<text>\n 横向滚动</text>
<scroll-view scroll-x>
  <view class="scroll-view-item-x">aa</view>
  <view class="scroll-view-item-x">bb</view>
  <view class="scroll-view-item-x">cc</view>
</scroll-view>

<text>\n 纵向滚动</text>
<scroll-view scroll-y>
  <view class="scroll-view-item-y">aa</view>
  <view class="scroll-view-item-y">bb</view>
  <view class="scroll-view-item-y">cc</view>
</scroll-view>

// scroll-view.wxss
scroll-view {
```

```
  width: 100%;
  height: 100px;
  white-space: nowrap;
}

.scroll-view-item-x {
  background-color: #7FFFAA;
  width: 100%;
  line-height: 100px;
  font-size: 35px;
  display: inline-block;
  text-align: center;
}

.scroll-view-item-y {
  background-color: #E1FFFF;
  height: 100px;
  line-height: 100px;
  font-size: 35px;
  text-align: center;
}
```

运行效果如图 3.3 所示。

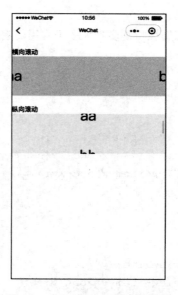

图 3.3　scroll-view 组件滚动效果

【代码解析】scroll-view 的应用十分简单，我们写好标签后，使用 scroll-x、scroll-y 标记出是横向或纵向滚动，样式方面需要设置宽、高等属性，即可满足大多数需求。

3.1.3 可移动视图 movable-view

在手机的使用中,拖动也是一种常见的操作。接下来我们展示一下如何使用可移动视图容器——movable-view。movable-view 的自带属性如表 3.3 所示。

表 3.3 movable-view 组件的自带属性

属性	类型	默认值	说明
direction	string	none	移动方向,属性值有 all、vertical、horizontal、none
inertia	boolean	false	是否带有惯性
out-of-bounds	boolean	false	超过可移动区域后是否还可以移动
x	number	无	定义 x 轴方向的偏移,如果 x 的值不在可移动范围内,会自动移动到可移动范围;改变 x 的值会触发动画
y	number	无	定义 y 轴方向的偏移,如果 y 的值不在可移动范围内,会自动移动到可移动范围;改变 y 的值会触发动画
damping	number	20	阻尼系数,用于控制 x 或 y 改变时的动画和过界回弹的动画,值越大移动越快
friction	number	2	摩擦系数,用于控制惯性滑动的动画,值越大摩擦力越大,滑动越快停止;必须大于 0,否则会被设置成默认值
disabled	boolean	false	是否禁用
scale	boolean	false	是否支持双指缩放,默认缩放手势生效区域是在 movable-view 内
scalel-min	number	0.5	定义缩放倍数最小值
scalel-max	number	10	定义缩放倍数最大值
scalel-value	number	1	定义缩放倍数,取值范围为 0.5~10
animation	boolean	true	是否使用动画
bindchange	eventhandle	无	拖动过程中触发的事件,event.detail = {x, y, source}
bindscale	eventhandle	无	缩放过程中触发的事件,event.detail = {x, y, scale},x 和 y 字段在 2.1.0 之后支持
htouchmove	eventhandle	无	初次手指触摸后移动为横向的移动时触发,如果捕获此事件,则意味着 touchmove 事件也被捕获
vtouchmove	eventhandle	无	初次手指触摸后移动为纵向的移动时触发,如果捕获此事件,则意味着 touchmove 事件也被捕获

【示例 3-3】

使用 movable-view 组件进行拖动方块的展示,代码如下:

```
// movable-view.wxml
<movable-area style="background-color: #7FFFAA; width: 100%; height: 200px">
    <movable-view style="background-color: white;width: 50px; height: 50px" direction="all"></movable-view>
</movable-area>
```

运行效果如图 3.4 所示。

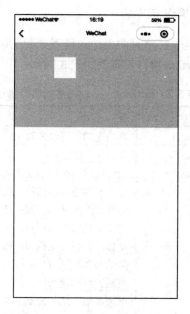

图 3.4　movable-view 组件拖动效果

【代码解析】这个组件的代码比较少，我们只需要设置 movable-area 为背景板，并在里面创建一个 movable-view 即可进行拖动操作，拖动方向 direction 通常设置为 all。movable-view 必须在 movable-area 组件中，并且必须是直接子节点，否则不能移动。

3.1.4　覆盖视图 cover-view

cover-view 是可以覆盖于原生组件之上的文本视图容器，可覆盖的原生组件包括 map、video、canvas、camera、live-player、live-pusher，并且可以与 cover-view 和 cover-image 进行嵌套。cover-view 的自带属性如表 3.4 所示。

表 3.4　cover-view 组件的自带属性

属　　性	类　　型	默 认 值	说　　明
scroll-top	number/string	无	设置顶部滚动偏移量，仅在设置了 overflow-y:scroll 成为滚动元素后生效

cover-view 的属性也只有一个，不算是一个常用的组件。覆盖功能使用 CSS 的 position 也可以达到同样的效果，不过直接使用该功能也可以提高一些开发效率。

【示例 3-4】

创建一个地图组件，并使用 cover-view 进行覆盖，代码如下：

```
// cover-view.wxml
<map style="width:100%; height:300px;">
  <cover-view>
```

```
    <button style="margin: 15px; background-color: #7FFFAA;">刷新</button>
  </cover-view>
</map>
```

运行效果如图 3.5 所示。

图 3.5　cover-view 组件的覆盖效果

【代码解析】在 map 组件内设置 cover-view，就相当于在一个画布里面，坐标会回到左上角，接下来正常编写自己要展示的内容并设置样式即可。

3.1.5　滑块视图 swiper

swiper 是滑块视图容器，一般可以用作轮播图等效果。目前市面中的 App 通常都会在首页顶部做一个轮播图，所以该组件还是很常用的。swiper 的自带属性如表 3.5 所示。

表 3.5　swiper 组件的自带属性

属　　性	类　　型	默　认　值	说　　明
indicator-dots	boolean	false	是否显示面板指示点
indicator-color	color	rgb(0,0,0,0.3)	指示点颜色
indicator-active-color	color	#000000	当前选中的指示点颜色
autoplay	boolean	false	是否自动切换
current	number	0	当前所在滑块的 index
interval	number	5000	自动切换时间间隔
duration	number	500	滑动动画时长
circular	boolean	false	是否采用衔接滑动
vertical	boolean	false	滑动方向是否为纵向
previous-margin	string	0px	前边距，可用于露出前一项的一小部分，接受 px 和 rpx 值

（续表）

属性	类型	默认值	说明
next-margin	string	0px	后边距，可用于露出后一项的一小部分，接受 px 和 rpx 值
display-multiple-items	number	1	同时显示的滑块数量
skip-hidden-item-layout	boolean	false	是否跳过未显示的滑块布局，设为 true 可优化复杂情况下的滑动性能，但会丢失隐藏状态滑块的布局信息
easing-function	string	default	指定 swiper 切换缓动动画类型
bindchange	eventhandle	无	current 改变时会触发 change 事件，event.detail={current,source}
bindtransition	eventhandle	无	swiper-item 的位置发生改变时会触发 transition 事件，event.detail={dx:dx,dy:dy}
bindanimationfinish	eventhandle	无	动画结束时会触发 animationfinish 事件，event.detail 同上

easing-function 的默认值为 default，还支持 linear（线性动画）、easeInCubic（缓入动画）、easeOutCubic（缓出动画）、easeInOutCubic（缓入缓出动画），读者可以根据喜好自行选择。

【示例 3-5】

swiper 的属性比较复杂，我们挑选几个常用的来演示，代码如下：

```
// cover-view.wxml
<!--pages/swiper/swiper.wxml-->
<swiper
  autoplay
  indicator-dots
  interval="3000"
  duration="2000"
  easing-function="easeInOutCubic">
  <swiper-item>
    <view class="item-view">A</view>
  </swiper-item>
  <swiper-item>
    <view class="item-view">B</view>
  </swiper-item>
  <swiper-item>
    <view class="item-view">C</view>
  </swiper-item>
</swiper>

// swiper.wxss
/* pages/swiper/swiper.wxss */
```

```
swiper {
  height: 200px;
}

.item-view {
  background-color: #7FFFAA;
  height: 200px;
  line-height: 200px;
  font-size: 25px;
  text-align: center;
}
```

运行效果如图 3.6 所示。

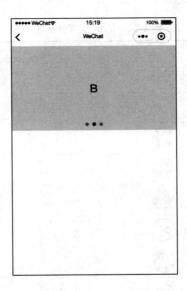

图 3.6　swiper 组件轮播图效果

【代码解析】swiper 设置了自动滚动、显示指示器、切换间隔、切换速度、动画效果等属性，这些都可以在表格中找到一一对应的解释。swiper-item 是必须放在 swiper 中使用的，通常轮播图中会放置一些图片，为了方便演示，本例直接用 ABC 的文字进行替代。

3.2　内容组件

相较于视图组件，内容组件的内容会少很多。在微信小程序中，仅提供了 icon（图标组件）、text（文本组件）、rich-text（富文本组件）、progress（进度条组件）。通常大家都会选择设置 CSS 样式来改变文字效果，所以富文本组件不是很常用。所以，在本节的学习中主要掌握图标、文本和进度条组件即可。

3.2.1 图标 icon

其实,icon 的功能实际上用 image 也可以实现,主要是小程序官方提供了很多内置的图标,方便开发者使用,而且这些图标与系统风格一致。icon 的自带属性如表 3.6 所示。

表 3.6 icon 组件的自带属性

属 性	类 型	默 认 值	说 明
type	string	无	icon 的类型
size	number/string	23	icon 的尺寸
color	string	无	icon 的颜色

icon 的 type 属性对应的样式如表 3.7 所示。

表 3.7 icon 的 Type 属性

属 性	样 式	说 明
success	✓	成功图标
success-no-circle	✓	不带圆圈的成功图标
info	i	提示图标
warn	!	警告图标
waiting	⏱	等待图标
cancel	✕	取消图标
download	↓	下载图标
search	🔍	搜索图标
clear	✕	清空图标

【示例 3-6】

在演示代码之前,我们先修改 index.wxml 和 index.js,增加基础内容组件的演示按钮。

```
// index.wxml
...
<view style="margin-top:15px">小程序基础内容组件测试</view>

<button
  style="margin-top:15px"
  bindtap="testIcon">icon</button>

<button
```

```
  style="margin-top:15px"
  bindtap="testProgress">progress</button>
<button
  style="margin-top:15px"
  bindtap="testText">text</button>

// index.js
...
  testIcon() {
    wx.navigateTo({
      url: '../icon/icon',
    })
  },
  testProgress() {
    wx.navigateTo({
      url: '../progress/progress',
    })
  },
  testText() {
    wx.navigateTo({
      url: '../text/text',
    })
  }
```

首页效果如图 3.7 所示。

图 3.7　首页组件选择列表

接下来继续演示 icon 组件。它的属性不多，这里直接演示 3 个属性效果，代码如下：

```
// icon.wxml
<!--pages/icon/icon.wxml-->
```

```
<view class="icon-type">
  <icon wx:for="{{iconType}}" type="{{item}}" size="40" />
</view>

<view class="icon-size">
  <icon wx:for="{{iconSize}}" type="success" size="{{item}}" />
</view>

<view class="icon-color">
  <icon wx:for="{{iconColor}}" type="success" size="40" color="{{item}}" />
</view>

// icon.js
...
  data: {
    iconType: [
      'success', 'success_no_circle', 'info', 'warn', 'waiting', 'cancel', 'download', 'search', 'clear'
    ],
    iconSize: [20, 30, 40, 50, 60, 70],
    iconColor: [
      'red', 'orange', 'yellow', 'green', 'rgb(0,255,255)', 'blue', 'purple'
    ],
  }
...
```

运行效果如图 3.8 所示。

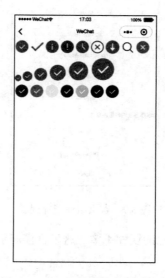

图 3.8 icon 组件的三个属性效果

【代码解析】第 1 个 view 用于样式不同的 type 样式，第 2 个 view 演示尺寸的变化，最后一个是颜色的变化。

3.2.2 进度条 progress

progress 是进度条组件。在日常开发中，进度条是十分常见的，需要用户等待的地方基本都要使用一个进度条。progress 的自带属性如表 3.8 所示。

表 3.8 icon 组件的自带属性

属 性	类 型	默 认 值	说 明
percent	number	无	百分比 0~100
show-info	boolean	false	在进度条右侧显示百分比
border-radius	number/string	0	圆角大小
font-size	number/string	16	右侧百分比字体大小
stroke-width	number/string	6	进度条线的宽度
color	string	#09BB07	进度条颜色（请使用 activeColor）
activeColor	string	#09BB07	已选择的进度条的颜色
backgroundColor	string	#EBEBEB	未选择的进度条的颜色
active	boolean	false	进度条从左往右的动画
active-mode	string	backwards	Backwards，动画从头播；forwards，动画从上次结束点接着播
duration	number	30	进度增加 1% 所需的毫秒数
bindactiveend	eventhandle	无	动画完成事件

【示例 3-7】

使用 progress 组件创建一个从 0 到 100 的进度条，代码如下：

```
// progress.wxml
<!--pages/icon/icon.wxml-->

<progress percent="{{percent}}" stroke-width="12" show-info active />

// progress.js
...
  data: {
   percent: 0
  },

  /**
   * 生命周期函数--监听页面加载
   */
  onLoad: function (options) {
```

```
    this.setData({
      percent: 100
    })
  },
  ...
```

运行效果如图 3.9 所示。

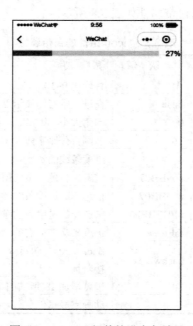

图 3.9　progress 组件的进度条效果

【代码解析】我们通过 percent 控制百分比，通过 stroke-width 调整宽度，通过 show-info 显示进度，最后的 active 也是不可少的，否则进度会没有动画直接跳到 100%。从图中可以看到进度到了 27%。读者可以自行运行代码，看看进度条的动画。

3.2.3　文本 text

text 是最基础的文本组件。它提供了一些方便的属性，所以需要处理文字的时候尽量使用 text 而非 view 组件。text 的自带属性如表 3.9 所示。

表 3.9　text 组件的自带属性

属　　性	类　　型	默　认　值	说　　明
selectable	boolean	false	文本是否可选
space	string	无	是否显示连续空格
decode	boolean	false	是否解码

space 的合法值如表 3.10 所示。

表 3.10　selectable 的合法值

属　　性	说　　明
ensp	中文字符空格一半大小
emsp	中文字符空格大小
nbsp	根据字体设置的空格大小

【示例 3-8】

使用 text 组件演示 selectable 和 space 属性，代码如下：

```
// text.wxml
<!--pages/text/text.wxml-->

<text selectable>可选文本\n</text>

<text>A    不支持多空格\n</text>

<text space="ensp">B    中文字符空格一半大小\n</text>

<text space="emsp">C    中文字符空格大小\n</text>

<text space="nbsp">D    根据字体设置的空格大小</text>
```

运行效果如图 3.10 所示。

图 3.10　progress 组件的进度条效果

【代码解析】从中可以看出，设置了 selectable 之后，长按这块文字即可选中。A、B、C、D 四行文字分别对应了空格设置的状态，对照表格的说明查看即可。

3.3 导航组件

在前面的章节中，我们讲过页面跳转的两种方式。本节详细讲一下导航组件 navigator。该组件除了跳转功能以外，还包括了跳转小程序等功能，所以单独拿出来讲解。

navigator 组件通过设置链接和跳转方式来完成页面、小程序间的跳转。navigator 的自带属性如表 3.11 所示。

表 3.11　navigator 组件的自带属性

属　性	类　型	默　认　值	说　明
target	string	self	在哪个目标上发生跳转，默认当前小程序，有效值为 self（当前小程序）、miniProgram（其他小程序）
url	string	无	当前小程序内的跳转链接
open-type	string	navigate	跳转方式
delta	number	1	当 open-type 为 navigateBack 时有效，表示回退的层数
app-id	string	无	当 target 为 miniProgram 时有效，表示要打开的小程序 appId
path	string	无	当 target 为 miniProgram 时有效，表示打开的页面路径，如果为空则打开首页
extra-data	object	无	当 target 为 miniProgram 时有效，需要传递给目标小程序的数据，目标小程序可在 App.onLaunch()、App.onShow()中获取到这份数据
version	string	release	当 target 为 miniProgram 时有效，表示要打开的小程序版本，有效值为 develop（开发版）、trial（体验版）、release（正式版）
hover-class	string	navigator-hover	指定点击时的样式类，当 hover-class 为 none 时，没有点击态效果
hover-stop-propagation	boolean	false	指定是否阻止本节点的祖先节点出现点击态
hover-start-time	number	50	按住后多久出现点击态，单位为毫秒
hover-stay-timem	number	600	手指松开后点击态保留时间，单位为毫秒
bindsuccesss	eventhandle	无	跳转小程序成功执行
bindfail	eventhandle	无	跳转小程序失败执行
bindcomplete	eventhandle	无	跳转小程序完成执行

open-type 的合法值如表 3.12 所示。

表 3.12 open-type 的合法值

属　性	说　明
navigate	对应 wx.navigateTo 或 wx.navigateToMiniProgram 的功能
redirect	对应 wx.redirectTo 的功能
switchTab	对应 wx.switchTab 的功能
reLaunch	对应 wx.reLaunch 的功能
navigateBack	对应 wx.navigateBack 的功能
exit	退出小程序，target 为 miniProgram 时生效

【示例 3-9】

在 index.wxml 中新增一个页面跳转，测试跳转页为 view，代码如下：

```
// index.wxml
...
<view style="text-align:center">
  <navigator url="/pages/view/view">跳转到新页面</navigator>
</view>
```

运行效果如图 3.11 所示。

图 3.11 navigator 页面跳转

【代码解析】 点击图中的"跳转到新页面"按钮即可完成跳转。这种跳转方式可以有效减少 JS 文件中的代码数量。如果跳转业务逻辑比较简单，推荐使用 navigator 进行跳转。

3.4 小程序 UI 框架

学习完基本的组件用法后，再来看看 UI 框架。在前端开发的时候，我们通常会选择一套 UI 框架，让自己的效率突飞猛进。微信小程序没有前端那么长的历史，选择上会稍微少一些，这里就挑选一些比较出名的框架进行推荐。这些 UI 框架都可以在微信中搜到演示小程序，以便开发者查看其 UI 风格。

3.4.1 WeUI

WeUI 是微信官方团队为微信小程序量身设计的一套 UI，与微信原生样式十分契合，更新比较及时，功能比较简约，只包括一些常见的 UI 组件，样式如图 3.12 所示。

官方网站：https://github.com/Tencent/weui-wxss。

图 3.12　WeUI 框架演示

3.4.2 iView

iView 是由基于 Vue.js 的 View UI 框架改编过来的优质 UI 框架，作者是 TalkingData 团队。该 UI 框架功能丰富、样式美观，是一个值得一试的选择，样式如图 3.13 所示。

官方网站：https://github.com/TalkingData/iview-weapp。

图 3.13　iView 框架演示

3.4.3 Vant Weapp

Vant Weapp 是有赞团队的移动端组件库 Vant 的小程序版本,两者的 UI 样式基本相同,提供一致的 API 接口,是习惯于使用 Vant 的用户的首选。Vant Weapp 的样式如图 3.14 所示。

官方网站:https://github.com/youzan/vant-weapp。

图 3.14 Vant Weapp 框架演示

3.5 小结

本章介绍了微信小程序的视图容器与基础内容组件,并推荐了几个常用的小程序 UI 框架。从内容上来说,本章的知识点还是比较重要的,后面的开发中几乎时时都要用到。虽然本章有大量的表格与零散的知识点,但是并不需要全部背下来再学习后面的内容。我们在日常开发中遇到了问题,回过头来复习一下也可以解决问题,用多了自然会熟记于心。

第 4 章

小程序语法

在前面的章节中讲过 WXML 用于描述页面的结构、WXS 用于结合 WXML 构建出页面的结构、WXSS 用于描述页面的样式，它们三者都有特定的语法。其中，WXSS 与 CSS 相差不大，所以就不单独列出了。本章主要讲解 WXML 和 WXS 中常用的语法，只有掌握了常用的语法，我们才能得心应手地使用代码完成页面的构建。

本章主要涉及的知识点有：

- WXML 语法
- WXS 数据类型
- WXS 语法

4.1 WXML 语法

首先讲一讲 WXML，它的语法并不复杂，主要分为数据绑定、列表渲染、条件渲染等。如果有前端开发经验，学习起来会更加得心应手。

4.1.1 数据绑定

数据绑定（Data Binding）可以让数据的变更实时地展现到界面中。在小程序中，并不支持双向绑定，所以我们只能通过改变变量的值让 UI 跟随改变，而不能反向操作。接下来通过编写示例代码来讲解。

【示例 4-1】

新建一个项目 grammar，用来学习本章的内容。清空 index.wxml 和 index.js 的代码，并输入以下代码：

```
// index.wxml
<view>小程序语法测试</view>

<button
  style="margin-top:15px"
  bindtap="testDataBinding">数据绑定</button>

<button
  style="margin-top:15px"
  bindtap="testListRendering">列表渲染</button>

<button
  style="margin-top:15px"
  bindtap="testConditionalRendering">条件渲染</button>

// index.wxs
view {
  margin: 16px;
}

// index.js
...
  testDataBinding() {
    wx.navigateTo({
      url: '../data-binding/data-binding',
    })
  },
  testListRendering() {
    wx.navigateTo({
      url: '../list-rendering/list-rendering',
    })
  },
  testConditionalRendering() {
    wx.navigateTo({
      url: '../conditional-rendering/conditional-rendering',
    })
  },
...
```

运行代码,首页效果如图 4.1 所示。在接下来的小节里,我们通过点击不同的按钮进入对应的组件展示中。

图 4.1 首页各功能演示选择列表

数据绑定使用 Mustache 语法(双大括号)将变量包起来。新建一个页面 data-binding,用来展示本小节的内容,代码如下:

```
// data-binding.wxml
<!--pages/data-binding/data-binding.wxml-->

<view style="text-align: center">
  <text>姓名:{{username}}\n</text>
  <text>性别:{{userInfo.sex}}\n</text>
  <text>年龄:{{userInfo.age}}</text>
  <button bindtap="addAge">增加年龄</button>
</view>

// data-binding.js
// pages/data-binding/data-binding.js
Page({

  /**
   * 页面的初始数据
   */
  data: {
    username: '张三',
    userInfo: {
      sex: '男',
```

```
      age: 18
    }
  },

  addAge () {
    this.setData({
      userInfo: {
        sex: this.data.userInfo.sex,
        age: this.data.userInfo.age + 1
      }
    })
  }
})
```

运行效果如图 4.2 所示。

【代码解析】我们分别演示了 3 种不同的数据绑定，姓名直接使用了固定参数 username，性别则使用了一个对象 userInfo，并在里面增加了参数 sex，所以我们在 wxml 中要写 userInfo.sex。年龄与性别的展示方式相同，为了演示绑定参数的变化，我们增加了一个按钮，点击后会在 addAge 方法中通过赋值让年龄增加。读者可以自行测试。

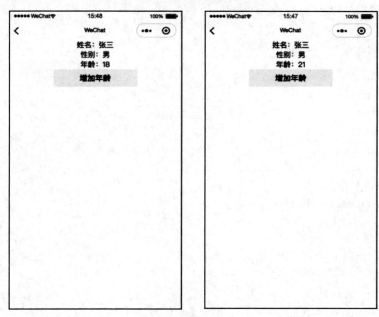

图 4.2　数据绑定演示效果

4.1.2　列表渲染

说完了基本的视图容器，继续来看一下列表渲染（list-rendering）。列表渲染一般通过 wx:for 来实现，它的功能像 for 循环一样，可以重复地从数组中取值并显示出来。

【示例 4-2】

代码如下：

```
// list-rendering.wxml
<!--pages/list-rendering/list-rendering.wxml-->

<view wx:for="{{users}}" wx:for-item="user" style="margin: 15px;">
  <text>姓名：{{user.username}}\n</text>
  <text>性别：{{user.sex}}\n</text>
  <text>年龄：{{user.age}}</text>
</view>

// list-rendering.js
// pages/list-rendering/list-rendering.js
Page({

  /**
   * 页面的初始数据
   */
  data: {
    users: [
      {
        num: '1',
        username: '张三',
        sex: '男',
        age: 18
      },
      {
        num: '2',
        username: '李四',
        sex: '女',
        age: 20
      },
      {
        num: '3',
        username: '王五',
        sex: '男',
        age: 19
      },
    ]
  },
})
```

运行效果如图 4.3 所示。

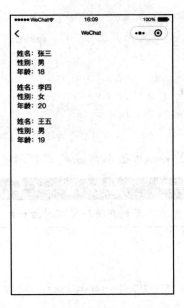

图 4.3 wx:for 循环效果演示

【代码解析】wx:for 的用法很简单，直接绑定上 JS 文件同名的数组即可进行循环，参数则使用 wx:for-item 来确定。其中，wx:for-item 的参数是可以自定义的，写什么都可以。代码中使用 user 作为 wx:for-item 的参数，之后取数组中对象的参数时，直接用 user.username 就可以了。

细心的读者可能会发现，控制台中报了一个警告，如图 4.4 所示。

图 4.4 wx:for 控制台警告

出现这种情况是因为我们在循环的时候缺少了一个 wx:key 参数。这个参数的作用是，当数据改变触发渲染层重新渲染时会校正带有 key 的组件，框架会确保它们被重新排序，而不是重新创建，这样以确保组件保持自身的状态，并且提高列表渲染时的效率。修改代码如下：

```
// list-rendering.wxml
<!--pages/list-rendering/list-rendering.wxml-->
<view wx:for="{{users}}" wx:for-item="user" wx:key="num" style="margin: 15px;">
    <text>姓名：{{user.username}}\n</text>
    <text>性别：{{user.sex}}\n</text>
    <text>年龄：{{user.age}}</text>
</view>
```

我们直接使用在 JS 中留下的 num 参数作为 key，即可消除警告。

> **注 意**
> 除非可以确定列表是静态不变的，否则在使用循环时最好加上这个参数。

4.1.3 条件渲染

在微信小程序中，条件渲染（conditional-rendering）判断是否需要渲染该代码块，通常使用 wx:if=""来实现。

【示例 4-3】

结合之前两个小节的内容来展示条件渲染的用法，代码如下：

```
// conditional-rendering.wxml
<!--pages/conditional-rendering/conditional-rendering.wxml-->
<view
  wx:for="{{users}}"
  wx:for-item="user"
  wx:key="num"
  wx:if="{{user.age>18}}"
  style="margin: 15px;">
    <text>姓名：{{user.username}}\n</text>
    <text>性别：{{user.sex}}\n</text>
    <text>年龄：{{user.age}}</text>
</view>
// conditional-rendering.js
// pages/conditional-rendering/conditional-rendering.js
Page({
  /**
   * 页面的初始数据
   */
  data: {
    users: [
```

```
      {
        num: '1',
        username: '张三',
        sex: '男',
        age: 18
      },
      {
        num: '2',
        username: '李四',
        sex: '女',
        age: 20
      },
      {
        num: '3',
        username: '王五',
        sex: '男',
        age: 19
      },
    ]
  },
})
```

运行效果如图 4.5 所示。

图 4.5　使用条件渲染过滤内容

【**代码解析**】实现条件判断，只需要在需要隐藏的标签上写入 wx:if 和条件即可，本例中设置的条件是 user.age>18，也就是年龄大于 18 的才进行展示。

> **注　意**
>
> 有一些前端框架，列表循环和条件循环是不能写在同级的，而微信小程序是可以写在同级的，所以不需要再新建一层 view 进行展示。

4.2　WXS 数据类型

本节将介绍 WXS 中常见的数据类型，并会在每一小节给出相关的示例代码。

4.2.1　boolean

与大多数语言一样，WXS 中布尔类型的值为 true/false。

【示例 4-4】

定义一个布尔类型的变量，赋值为 false 并输出：

```
var isDog = false;
console.log(isDog);

// 输出结果：false
```

4.2.2　number

WXS 中的数字类型都是浮点数，所以整数可以直接与带小数点的数字进行运算。

【示例 4-5】

定义两个数字类型变量，分别赋值整数与浮点数，然后进行相加：

```
var num1 = 10;
var num2 = 5.5;
console.log(num1 + num2);

// 输出结果：15.5
```

4.2.3　string

WXS 中的字符串类型使用单引号与双引号来表示，并且支持 ES6 的反引号。

【示例 4-6】

分别用单引号和双引号定义两个字符串类型变量，最后使用反引号拼接输出：

```
var str1 = 'Hello';
var str2 = "WXS";
console.log(`${str1} ${str2}!`);

// 输出结果：Hello WXS!
```

4.2.4　array

WXS 中定义数组的方式与在 JavaScript 中的基本相同。

【示例 4-7】

初始化一个新的数组,增加新的值并输出:

```
var arr = [1, 2, 3];
arr.push(4, 5);
console.log(arr);

// 输出结果:[1, 2, 3, 4, 5]
```

4.2.5 object

object 是一种无序的键值对,也就是所谓的对象类型。

【示例 4-8】

定义一个对象,增加新的值并输出:

```
var obj = {
  name: '张三',
  sex: '男'
}
obj.age = 18;
console.log(obj);

// 输出结果:{name: "张三", sex: "男", age: 18}
```

4.2.6 function

function 是函数类型,实际是把一个函数当成对象来使用。

【示例 4-9】

展示两种不同的定义方式:

```
//方法 1
function a (x) {
  return x;
}
//方法 2
var b = function (x) {
  return x;
}
```

4.2.7 date

date 从字面上可以理解为时间类型。小程序中有一个 getDate()方法,便于我们获取时间对象。

【示例 4-10】

获取、转换时间对象：

```
var date = getDate();                    //返回当前时间对象
date = getDate(1588953600000);
// Sat May 09 2020 00:00:00 GMT+0800 (中国标准时间)
```

4.3 WXS 语法

WXS 不依赖于运行时的基础库版本，可以在所有版本的小程序中运行。在开发过程中，可以按照 js 的写法来使用，但它有自己的语法，并不和 JavaScript 完全一致，遇到问题还是要及时查阅资料。

> **提　　示**
>
> 根据官方资料，由于运行环境的差异，在 iOS 设备上小程序内的 WXS 会比 JavaScript 代码快 2~20 倍。在 Android 设备上二者的运行效率无差异。基本上来说，熟悉 JavaScript 的读者，学习 WXS 时是有一定优势的。

4.3.1 变量与运算符

在 WXS 中，变量和在 JavaScript 中一样属于弱类型，不需要指定类型即可使用。如果只声明变量而不赋值，则默认值为 undefined，代码如下：

```
var age = 18;
var name = "张三";
var number;
// number === undefined
```

不论是数字类型还是字符串类型，使用 var 修饰后直接赋值即可，如果不进行赋值，则为 undefined。

接下来讲一讲运算符。在 WXS 中，运算符主要分为基本运算符、比较运算符、等值运算符、赋值运算符、一元运算符、位运算符和二元逻辑运算符。

（1）基本运算符

基本运算符的主要内容是加、减、乘、除，示例代码如下：

```
var a = 10, b = 20;
// 加法运算
console.log(30 === a + b);
// 减法运算
```

```
console.log(-10 === a - b);
// 乘法运算
console.log(200 === a * b);
// 除法运算
console.log(0.5 === a / b);
// 取余运算
console.log(10 === a % b);
```

除了这些功能以外，加号还可以用作字符串的拼接。

```
var a = '.w', b = 'xs';
// 字符串拼接
console.log('.wxs' === a + b);
```

（2）比较运算符、等值运算符

在我们的开发过程中，使用条件判断语句时经常会用到比较运算符和等值运算符，示例代码如下：

```
// 比较运算符
var a = 10, b = 20;
// 小于
console.log(true === (a < b));
// 大于
console.log(false === (a > b));
// 小于等于
console.log(true === (a <= b));
// 大于等于
console.log(false === (a >= b));
// 等值运算符
var c = 10, d = 20;
// 等号
console.log(false === (c == d));
// 非等号
console.log(true === (c != d));
// 全等号
console.log(false === (c === d));
// 非全等号
console.log(true === (c !== d));
```

（3）赋值运算符

赋值运算符实际上就是使用等号进行赋值。唯一需要注意的是，写条件判断的时候，不要误把"=="写成"="。

（4）二元逻辑运算符

二元逻辑运算符主要就是与和或，通常用在条件判断之中，示例代码如下：

```
var a = 10, b = 20;

// 逻辑与
console.log(20 === (a && b));
// 逻辑或
console.log(10 === (a || b));
```

（5）一元运算符

一元运算符主要是自增、自减等，使用频率较低，示例代码如下：

```
var a = 10, b = 20;

// 自增运算
console.log(10 === a++);
console.log(12 === ++a);
// 自减运算
console.log(12 === a--);
console.log(10 === --a);
// 正值运算
console.log(10 === +a);
// 负值运算
console.log(0-10 === -a);
// 否运算
console.log(-11 === ~a);
// 取反运算
console.log(false === !a);
// delete 运算
console.log(true === delete a.fake);
// void 运算
console.log(undefined === void a);
// typeof 运算
console.log("number" === typeof a);
```

（6）位运算符

位运算符是直接对整数在内存中的二进制位进行操作运算，优点是运算效率比乘除法运算快；缺点是理解起来比较复杂，并不常用。示例代码如下：

```
var a = 10, b = 20;

// 左移运算
console.log(80 === (a << 3));
```

```
// 无符号右移运算
console.log(2 === (a >> 2));
// 带符号右移运算
console.log(2 === (a >>> 2));
// 与运算
console.log(2 === (a & 3));
// 异或运算
console.log(9 === (a ^ 3));
// 或运算
console.log(11 === (a | 3));
```

4.3.2 条件判断与循环

在每个图灵完备的程序语言中都会有条件判断语句和循环语句，WXS 当然也不例外。接下来分别介绍 WXS 中的条件判断语句和循环语句。

1. 条件判断

条件判断语句还是我们最熟悉的 if 和 switch 语句。示例代码如下：

```
// if
if (表达式) {
  代码块;
} else if (表达式) {
  代码块;
} else if (表达式) {
  代码块;
} else {
  代码块;
}

// switch
switch (表达式) {
  case 变量:
    语句;
  case 数字:
    语句;
    break;
  case 字符串:
    语句;
  default:
    语句;
}
```

2. 循环

循环语句有 for、while 和 do while，其中 for 更常用一些。示例代码如下：

```
// for
for (语句；语句；语句) {
  代码块；
}

// while
while (表达式){
  代码块；
}

// do while
do {
  代码块；
} while (表达式)
```

4.3.3 WXS 模块

WXS 代码可以通过<WXS>标签编写在 WXML 文件中，实现在页面中运行 WXS 代码的效果。<WXS>标签必须指定一个标签的模块名 module，通过 module 即可将值传递到 WXML 中。举个简单的例子，代码如下：

```
<wxs module="user">
  var name = "张三";
  module.exports = {
    name: name
  }
</wxs>
<view>{{user.name}}</view>
```

我们建立了一个名叫 user 的 module，从中读取了 name 参数。运行代码即可看到"张三"显示在屏幕上。

4.3.4 使用注释

WXS 的注释有 3 种写法，示例代码如下：

```
// 方法一：单行注释

/*
方法二：多行注释
在区间内的都会被注释掉
*/
```

```
/*
```
方法三：结尾注释，即从 /* 开始往后的所有 WXS 代码均被注释

4.4 小结

本章介绍了微信小程序语法，包括 WXML 的语法、WXS 的数据类型和 WXS 语法。WXS 作为微信小程序独创的一个语言，从设计中就可以看出它有着自己独特的优点。习惯于 JavaScript 的读者基本上练习几次就可以轻松上手。如果不适应，只使用 JavaScript 也是可以完成程序的。语法的学习可能比较枯燥，但是熟练掌握了语法，我们就能在开发过程中降低出现 BUG 的概率，更高效地完成编码。

第 5 章

表单组件与导航组件

前面的章节介绍了小程序的基础组件和语法，本章将会对表单组件和导航组件进行讲解。在微信小程序中，导航组件是在页面间跳转、传值不可或缺的元素。表单组件十分常见，比如注册、登录、购物车等功能都需要用到表单与数据校验。我们如何构建让用户阅读顺畅、操作方便的表单在小程序开发中十分重要。

本章主要涉及的知识点有：

- 表单组件
- 数据校验
- 实战练习：登录页

5.1 表单组件

在开发项目的过程中总离不开数据，而数据会依赖于不同的表现形式，不管是图片、表格还是我们常见的文本框、按钮、选择框等，都是浏览者通过表现形式来对数据进行阅读和分析。本节将主要对各种表单组件的用法进行说明。

5.1.1 按钮 button

button 就是按钮。按钮是最基本的交互元素之一。不管什么应用都少不了各种按钮。button 的自带属性如表 5.1 所示。

表 5.1　button 组件的自带属性

属　性	类　型	默 认 值	说　明
size	string	default	按钮的大小，值为 default、mini
type	string	default	按钮的样式类型，值为 default（白色）、primary（绿色）、warn（红色）
plain	boolean	false	按钮是否镂空，背景色透明
disabled	boolean	false	是否禁用
loading	boolean	false	名称前是否带 loading 图标
form-type	string	无	用于 form 组件，点击分别会触发 form 组件的 submit/reset 事件，值为 submit（提交表单）、reset（重置表单）
open-type	string	无	微信开放能力
hover-class	string	button-hover	指定按钮按下去的样式类。当 hover-class="none"时，没有点击态效果
hover-stop-propagation	boolean	false	指定是否阻止本节点的父节点出现点击态
hover-start-time	number	20	按住后多久出现点击态，单位为毫秒
hover-stay-time	number	70	手指松开后点击态保留时间，单位为毫秒
lang	string	en	指定返回用户信息的语言，值为 zh_CN（简体中文）、zh_TW（繁体中文）、en（英文）
session-from	string	无	会话来源，open-type="contact"时有效
send-message-title	string	当前标题	会话内消息卡片标题，open-type="contact"时有效
send-message-path	string	当前分享路径	会话内消息卡片点击跳转小程序路径，open-type="contact"时有效
send-message-img	string	截图	会话内消息卡片图片，open-type="contact"时有效
app-parameter	string	无	打开 App 时向 App 传递的参数，open-type=launchApp 时有效
show-message-card	boolean	false	是否显示会话内消息卡片，设置此参数为 true，用户进入客服会话时会在右下角显示"可能要发送的小程序"提示，用户点击后可以快速发送小程序消息，open-type="contact"时有效
bindgetuserinfo	eventhandle	无	用户点击该按钮时，会返回获取到的用户信息，回调的 detail 数据与 wx.getUserInfo 返回的一致，open-type="getUserInfo"时有效
bindcontact	eventhandle	无	客服消息回调，open-type="contact"时有效
bindgetphonenumber	eventhandle	无	获取用户手机号回调，open-type=getPhoneNumber 时有效
binderror	eventhandle	无	当使用开放能力时，发生错误的回调，open-type=launchApp 时有效
bindopensetting	eventhandle	无	在打开授权设置页后回调，open-type=openSetting 时有效
bindlaunchapp	eventhandle	无	打开 App 成功的回调，open-type=launchApp 时有效

【示例 5-1】

新建一个项目 components,用于本章的代码展示。清空 index.wxml 和 index.js 的代码,并输入以下代码:

```
<!--index.wxml-->

<view>小程序表单组件测试</view>

<button
  style="margin-top:15px"
  bindtap="testButton">button</button>

<button
  style="margin-top:15px"
  bindtap="testInput">input</button>

<button
  style="margin-top:15px"
  bindtap="testTextarea">textarea</button>

<button
  style="margin-top:15px"
  bindtap="testCheckbox">checkbox</button>

<button
  style="margin-top:15px"
  bindtap="testRadio">radio</button>

<button
  style="margin-top:15px"
  bindtap="testSlider">slider</button>

<button
  style="margin-top:15px"
  bindtap="testSwitch">switch</button>

<button
  style="margin-top:15px"
  bindtap="testPicker">picker</button>

// index.wxs
view {
  margin: 16px;
```

```
}
// index.js
...
  testButton() {
    wx.navigateTo({
      url: '../test-button/test-button',
    })
  },
  testInput() {
    wx.navigateTo({
      url: '../test-input/test-input',
    })
  },
  testTextarea() {
    wx.navigateTo({
      url: '../test-textarea/test-textarea',
    })
  },
  testCheckbox() {
    wx.navigateTo({
      url: '../test-checkbox/test-checkbox',
    })
  },
  testRadio() {
    wx.navigateTo({
      url: '../test-radio/test-radio',
    })
  },

  testSlider() {
    wx.navigateTo({
      url: '../test-slider/test-slider',
    })
  },
  testSwitch() {
    wx.navigateTo({
      url: '../test-switch/test-switch',
    })
  },
  testPicker() {
    wx.navigateTo({
```

```
      url: '../test-picker/test-picker',
    })
  }
...
```

运行代码，首页效果如图 5.1 所示。在接下来的小节里，我们通过点击不同的按钮进入对应的组件展示中。

新建一个页面 test-button，用于展示本小节的内容，代码如下：

```
// test-button.wxml
<!--pages/test-button/test-button.wxml-->

<view style="text-align:center">
  <button>白色普通按钮</button>
  <button type="primary">绿色普通按钮</button>
  <button type="warn">红色普通按钮</button>
  <button type="primary" plain>镂空按钮</button>
  <button type="primary" loading>读取按钮</button>
  <button type="primary" disabled>禁用按钮</button>
  <button type="primary" size="mini">小按钮</button>
</view>

// test-button.wxss
button{
  margin-top: 30rpx;
}
```

运行效果如图 5.2 所示。

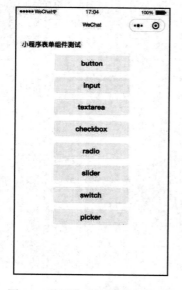

图 5.1　首页各功能演示选择列表

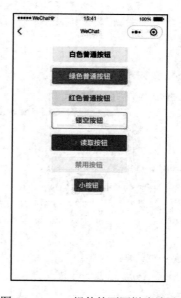

图 5.2　button 组件的不同样式效果

【代码解析】 button 的属性比较多，我们通过 size、type、plain、loading、disabled 等常见属性进行展示。除了使用 type 控制颜色以外，也可以选择使用 CSS 来改变按钮的字体颜色、背景色等。

5.1.2 表单输入框 input

在表单中，最常见的当属输入框了。只要有注册登录功能，账号、密码之类的输入框就是必不可少的。微信小程序中的输入主要分为 input 和 textarea：input 一般用于单行输入的表单，textarea 用于大篇幅的文本输入。input 的自带属性如表 5.2 所示。

表 5.2　input 组件的自带属性

属 性	类 型	默 认 值	说 明
value	string	无	输入框的初始内容，无法双向绑定改变变量的值
type	string	text	input 的类型：text、number、idcard、digit
password	boolean	false	是否是密码类型
placeholder	string	无	输入框为空时的占位符
placeholder-style	string	无	指定 placeholder 的样式
placeholder-class	string	input-placeholder	指定 placeholder 的样式类
disabled	boolean	false	是否禁用
maxlength	number	140	最大输入长度，设置为-1 的时候不限制最大长度
cursor-spacing	number	0	指定光标与键盘的距离，取 input 距离底部的距离和 cursor-spacing 指定的距离的最小值作为光标与键盘的距离
focus	boolean	false	获取焦点
confirm-type	string	done	设置键盘右下角按钮的文字，仅在 type='text'时生效
confirm-hold	boolean	false	点击键盘右下角按钮时是否保持键盘不收起
cursor	number	无	指定 focus 时的光标位置
selection-start	number	-1	光标起始位置，自动聚集时有效，需与 selection-end 搭配使用
selection-end	number	-1	光标结束位置，自动聚集时有效，需与 selection-start 搭配使用
adjust-position	boolean	true	键盘弹起时是否自动上推页面
hold-keyboard	boolean	false	获取焦点时，点击页面的时候不收起键盘
bindinput	eventhandle	无	键盘输入时触发，event.detail={value, cursor, keyCode}，keyCode 为键值，2.1.0 起支持，处理函数可以直接返回一个字符串，将替换输入框的内容

（续表）

属性	类型	默认值	说明
bindfocus	eventhandle	无	输入框聚焦时触发，event.detail={value, height}，height 为键盘高度，在基础库 1.9.90 起支持
bindblur	eventhandle	无	输入框失去焦点时触发，event.detail={value:value}
bindconfirm	eventhandle	无	点击完成按钮时触发，event.detail={value:value}
bindkeyboardheightchange	eventhandle	无	键盘高度发生变化的时候触发此事件，event.detail={height:height, duration:duration}

【示例 5-2】

展示 input 的几个常用属性，代码如下：

```
// test-input.wxml
<!--pages/test-input/test-input.wxml-->

<text>普通 input</text>
<input></input>

<text>带默认值的 input</text>
<input value="{{inputValue}}"></input>

<text>带占位符 input</text>
<input placeholder="请输入"></input>

<text>数字类型 input</text>
<input type="number"></input>

<text>密码类型 input</text>
<input password></input>

<text>长度限制为 10 的 input</text>
<input maxlength="10"></input>

<text>监听输入的 input</text>
<input bindinput="inputChange"></input>

// test-input.wxss
text {
  margin-left: 16px;
```

```css
}

input {
  border: 1rpx solid #dddee1;
  margin: 8px 16px;
  padding: 0px 8px;
  height: 30px;
}
```

```js
// test-input.js
...
  data: {
    inputValue: '张三',
    changeValue: '',
  },
  inputChange(e) {
    this.setData({
      changeValue: e.detail.value
    })
    console.log(e.detail.value)
  },
...
```

运行效果如图 5.3、图 5.4 所示。

图 5.3　input 组件的不同属性效果

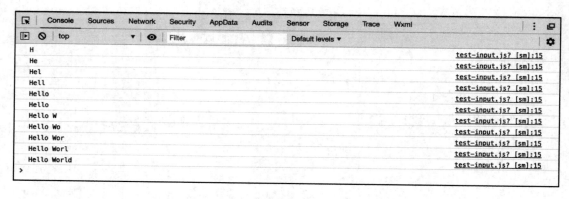

图 5.4 使用 bindinput 监听 input 值的变化

【代码解析】通过设置 value、placeholder、type、password、maxlength 等属性就可以得到图中的各种效果,日常开发中常用的属性也就是这几个了。假如要提交的值是 changeValue,那么我们是不能直接通过 value 属性与 changeValue 双向绑定的,必须使用 bindinput 来手动赋值,这一点需要注意。从图 5.4 中就能看到 bindinput 持续在执行,如果不想频繁调用该方法,就可以改用 bindblur 在失去焦点时进行赋值。

5.1.3 多行输入框 textarea

实际上,input 和 textarea 有很多属性都是相同的,比如 value、placeholder 等。也就是说,功能类似,但是应用场景略有不同。textarea 的自带属性如表 5.3 所示。

表 5.3 textarea 组件的自带属性

属　　性	类　　型	默　认　值	说　　明
value	string	无	输入框的初始内容,无法双向绑定改变变量的值
placeholder	string	无	输入框为空时的占位符
placeholder-style	string	无	指定 placeholder 的样式,目前仅支持 color、font-sizefont-weight
placeholder-class	string	textarea-placeholder	指定 placeholder 的样式类
disabled	boolean	false	是否禁用
maxlength	number	140	最大输入长度,设置为-1 的时候不限制最大长度
auto-focus	boolean	false	自动聚焦,拉起键盘
focus	boolean	false	获取焦点
auto-height	boolean	false	是否自动增高,设置 auto-height 时 style.height 不生效
fixed	boolean	false	textarea 在 position:fixed 的区域时,需要显示指定属性 fixed 为 true

(续表)

属 性	类 型	默认值	说 明
cursor-spacing	number	0	指定光标与键盘的距离。取 textarea 距离底部的距离和 cursor-spacing 指定的距离的最小值作为光标与键盘的距离
cursor	number	-1	指定 focus 时的光标位置
show-confirm-bar	boolean	true	是否显示键盘上方的完成按钮
selection-start	number	-1	光标起始位置，自动聚集时有效，需与 selection-end 搭配使用
selection-end	number	-1	光标结束位置，自动聚集时有效，需与 selection-start 搭配使用
adjust-position	boolean	true	键盘弹起时是否自动上推页面
hold-keyboard	boolean	false	获取焦点时，点击页面的时候不收起键盘
disable-default-padding	boolean	false	是否去掉 iOS 下的默认内边距
bindinput	eventhandle	无	当键盘输入时，触发 input 事件，event.detail={value,cursor,keyCode}，keyCode 为键值，目前工具还不支持返回 keyCode 参数。bindinput 处理函数的返回值并不会反映到 textarea 上
bindfocus	eventhandle	无	输入框聚焦时触发，event.detail={value, height}，height 为键盘高度，从基础库 1.9.90 起支持
bindblur	eventhandle	无	输入框失去焦点的时候触发，event.detail={value:value}
bindlinechange	eventhandle	无	输入框行数变化的时候调用，event.detail={height:0,heightRpx:0,lineCount:0}
bindconfirm	eventhandle	无	点击完成按钮时触发，event.detail={value:value}
bindkeyboardheightchange	eventhandle	无	键盘高度发生变化的时候触发此事件，event.detail={height:height,duration:duration}

> **注 意**
>
> 不建议在多行文本上对用户的输入进行修改，所以 textarea 的 bindinput 处理函数并不会将返回值反映到 textarea 上。

【示例5-3】

使用 textarea 制作一个意见反馈页面，代码如下：

```
// test-textarea.wxml
<!--pages/test-textarea/test-textarea.wxml-->

<view class="feedback-view">
  <textarea class="feedback-area" value="{{feedbackText}}" placeholder="请填写意见反馈" maxlength="100" bindinput="bindinput"></textarea>
  <view class="feedback-number">{{numberText}}</view>
</view>

<button bindtap="submit" type="primary">提交</button>

// test-textarea.wxss

page {
  background-color: #F8F8FA;
}

.feedback-view {
  height: 250px;
  display: flex;
  flex-wrap: wrap;
  margin: 15px;
  margin-bottom: 45px;
}

.feedback-area {
  background-color: white;
  height: 220px;
  width: 100%;
  padding: 16px;
}

.feedback-number {
  background-color: white;
  width: 100%;
  text-align: right;
}
```

```js
// test-textarea.js
...
  data: {
    feedbackText: "",
    numberText: "0/100"
  },

  bindinput: function (e) {
    var number = e.detail.value.length;
    this.setData({
      numberText: number + "/100",
      feedbackText: e.detail.value
    });
  },

  submit: function () {
    if (this.data.feedbackText.length == 0) {
      wx.showToast({
        title: '请填写意见反馈',
        icon: 'none'
      })
      return;
    }
    wx.showToast({
      title: '提交成功',
    })
    setTimeout(function () {
      wx.navigateBack({

      });
    }, 1500)
  }
...
```

运行效果如图 5.5 所示。

【代码解析】本次的示例展示了 textarea 的 placeholder、maxlength 和 bindinput 属性，并实现了一个字数监控的效果。实现字数监控只需要在 bindinput 的方法中反复 setData，并绑定到显示字数的标签上即可。最后还设置了一个提交按钮，如果输入字数为空，则提示"请填写意见反馈"；如果有内容，则提示"提交成功"，并在 1.5 秒后返回上一页。

图 5.5　使用 textarea 组件制作意见反馈页

5.1.4　复选框 checkbox

checkbox 一般和 checkbox-group 标签配合使用。checkbox 的自带属性如表 5.4 所示。

表 5.4　checkbox 组件的自带属性

属　性	类　型	默　认　值	说　明
value	string	无	checkbox 标识，选中时触发 checkbox-group 的 change 事件，并携带 checkbox 的 value
disabled	boolean	false	是否禁用
checked	boolean	false	当前是否选中，可用来设置默认选中
color	string	#09BB07	checkbox 的颜色，同 CSS 的 color

该组件在使用时，一般是外层有一个 checkbox-group，内层包含多个 checkbox。

【示例 5-4】

使用 checkbox 展示动态选项和静态选项的使用方法，代码如下：

```
// test-checkbox.wxml
<!--pages/test-checkbox/test-checkbox.wxml-->

<view>动物选项（静态）</view>
<checkbox-group>
  <checkbox value="monkey">猴子🐵</checkbox>
  <checkbox value="snake">蛇🐍</checkbox>
  <checkbox value="fish">鱼🐟</checkbox>
  <checkbox value="rabbit">兔子🐰</checkbox>
</checkbox-group>
```

```
<view>联系人选项(动态)</view>
<checkbox-group>
  <checkbox wx:for="{{peoples}}" wx:for-item="user" wx:key="num" value="{{user.num}}">{{user.name}}</checkbox>
</checkbox-group>


// test-checkbox.wxss

view {
  margin-top: 16px;
  margin-left: 16px;
}

checkbox-group {
  margin: 8px 16px;
}

checkbox {
  width: 100%;
  margin-top: 8px;
}

// test-checkbox.js
...
  data: {
    peoples: [
      {
        name: '张三',
        num: '1'
      },
      {
        name: '李四',
        num: '2'
      },
      {
        name: '王五',
        num: '3'
      },
    ]
  },
...
```

运行效果如图 5.6 所示。

图 5.6 使用 checkbox 组件展示动态、静态复选框

【代码解析】本示例分别展示了静态选项和动态选项，这两种方式都是很常见的。在开发过程中，如果我们的选项是固定的，即直接在 checkbox-group 中写入数个固定的 checkbox。动态的则是通过网络请求，获取到选项后对 checkbox 进行循环，并对 value 和选项名进行赋值。

5.1.5 单选框 radio

radio 是单选框，一般和 radio-group 标签配合使用。radio 与 checkbox 非常相似，用法、属性大多相同，主要区别就是单选与多选。radio 的自带属性如表 5.5 所示。

表 5.5 checkbox 组件的自带属性

属性	类型	默认值	说明
value	string	无	radio 标识，选中时触发 radio-group 的 change 事件，并携带 radio 的 value
disabled	boolean	false	是否禁用
checked	boolean	false	当前是否选中，可用来设置默认选中
color	string	#09BB07	radio 的颜色，同 CSS 的 color

radio 同样是外层一个 radio-group、内层包含多个选项。

【示例 5-5】

使用 radio 展示动态选项和静态选项的使用方法，代码如下：

```
// test-radio.wxml
<!--pages/test-radio/test-radio.wxml-->
```

```html
<view>性别选项(静态)</view>
<radio-group>
  <radio value="male">男</radio>
  <radio value="female">女</radio>
</radio-group>

<view>年龄段选项(动态)</view>
<radio-group>
  <radio wx:for="{{peoples}}" wx:for-item="user" wx:key="num" value="{{user.num}}">{{user.name}}</radio>
</radio-group>
```

```css
// test-radio.wxss

view {
  margin-top: 16px;
  margin-left: 16px;
}

checkbox-group {
  margin: 8px 16px;
}

checkbox {
  width: 100%;
  margin-top: 8px;
}
```

```js
// test-radio.js
...
    data: {
    peoples: [
      {
        name: '18 岁以下',
        num: '1'
      },
      {
        name: '18-35 岁',
        num: '2'
      },
      {
        name: '35 岁以上',
```

```
        num: '3'
      },
    ]
  },
...
```

运行效果如图 5.7 所示。

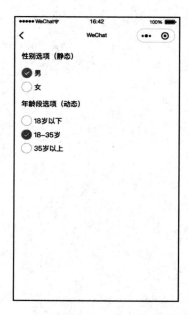

图 5.7　使用 radio 组件展示动态、静态单选框

【代码解析】radio 的用法与前面的 checkbox 相同，如果选项是固定的，即直接在 radio-group 中写入数个固定的 radio。动态的则是通过网络请求，获取到选项后对 radio 进行循环，并对 value 和选项名进行赋值。两者的主要区别是单选与多选，所以本小节的例子选择了性别、年龄段作为示例。

5.1.6　滑动选择器 slider

slider 是滑动选择器。手机中经常遇到的音量、亮度等通常都是使用滑动选择器进行设置的。slider 的自带属性如表 5.6 所示。

表 5.6　slider 组件的自带属性

属　　性	类　　型	默　认　值	说　　明
min	number	0	最小值
max	number	100	最大值
step	number	1	步长，取值必须大于 0，并且可被（max-min）整除
disabled	boolean	false	是否禁用
value	number	0	当前取值

(续表)

属 性	类 型	默 认 值	说 明
activeColor	color	#1aad19	已选择的颜色
backgroundColor	color	#e9e9e9	背景条的颜色
block-size	number	28	滑块的大小，取值范围为 12～28
block-color	color	#ffffff	滑块的颜色
show-value	boolean	false	是否显示当前 value
bindchange	eventhandle	无	完成一次拖动后触发的事件，event.detail={value}
bindchanging	eventhandle	无	拖动过程中触发的事件，event.detail={value}

slider 主要由滑动线条、滑块、数值构成，滑块左侧为选中的数值范围。

【示例 5-6】

使用 slider 展示几个常用的属性，代码如下：

```
// test-slider.wxml
<!--pages/test-slider/test-slider.wxml-->

<view>普通滑动条</view>
<slider></slider>

<view>显示当前值的滑动条</view>
<slider show-value></slider>

<view>监听值变化的滑动条</view>
<slider bindchange="sliderChange" show-value></slider>


// test-slider.wxss

view {
  margin-top: 16px;
  margin-left: 16px;
}


// test-slider.js
...
  sliderChange(e) {
    console.log('当前值为' + e.detail.value);
  }
...
```

运行效果如图 5.8、图 5.9 所示。

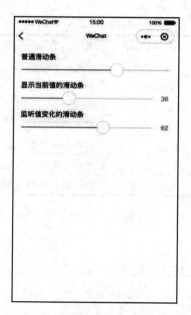

图 5.8 使用 slider 组件展示不同的滑动条

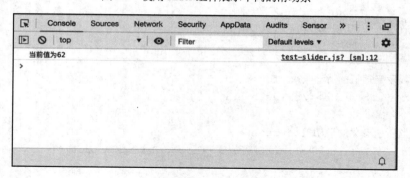

图 5.9 监听 slider 组件值的变化

【代码解析】slider 组件的属性比较简单易懂，本示例主要展示基本的滑动条、显示当前值的滑动条和监听值变化的滑动条。其中，监听值变化需要使用 bindchange 来实现，当值改变时，我们可以从方法的 detail.value 中获取当前值。

> **注　意**
>
> 值并不会随着拖动一直发生改变，而是会在停止拖动时输出一个结果，如图 5.9 所示。

5.1.7　开关选择器 switch

switch 是开关选择器，一般在 App 的设置页上比较常见，比如夜间模式、勿扰模式等都会使用它来完成。switch 的自带属性如表 5.7 所示。

表 5.7　switch 组件的自带属性

属性	类型	默认值	说明
checked	boolean	false	是否选中
disabled	boolean	false	是否禁用
type	string	switch	样式，值为 switch、checkbox
color	string	#04BE02	switch 的颜色，同 CSS 的 color
bindchange	eventhandle	无	checked 改变时触发 change 事件，event.detail={value}

> **注　意**
>
> iOS 系统的 switch 组件在开关时自带振动反馈，可在系统设置→声音与触感→系统触感反馈中关闭。

【示例 5-7】

演示一下 switch 的基本用法，代码如下：

```
// test-switch.wxml
<!--pages/test-switch/test-switch.wxml-->

<view>默认打开的开关</view>
<switch checked="true"></switch>

<view>改变颜色的开关</view>
<switch color="#007aff"></switch>

<view>监听开关的变化</view>
<switch bindchange="switchChange"></switch>


// test-switch.wxss
view {
  margin-top: 16px;
  margin-left: 16px;
}

switch {
  margin: 16px;
}

// test-switch.js
...
  switchChange(e) {
```

```
        console.log('当前值为' + e.detail.value);
    }
...
```

运行效果如图 5.10 和图 5.11 所示。

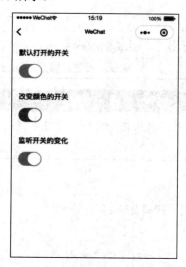

图 5.10　使用 switch 组件展示开关的属性用法

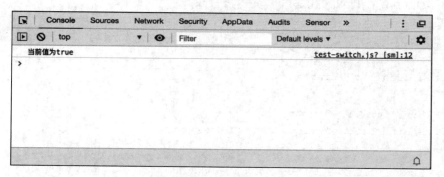

图 5.11　监听 switch 组件值的变化

【代码解析】switch 组件实际上就是一个开关,所以它的属性也比较简单,值只有 true 和 false。其中,值的监听变化也与 slider 一样,使用 bindchange 即可实现。

说　　明
switch 组件有一个 type 属性,可以改为 checkbox。该功能不推荐使用,因为已经有了 checkbox 组件,所以没有必要使用 switch 来替代它。

5.1.8　日期时间选择框 picker

picker 是一个有点复杂的选择框(也可以简称为复选框),一般和 picker-view 标签配合使用。picker 组件的应用十分广泛,比如日期选择、时间选择都可以轻松实现,而且 picker 还支持通过传入数据自定义选项，十分方便。picker 的自带属性如表 5.8 所示。由于 picker 组件的各种 mode 差别较大，因此我们会分别进行展示并提供示例代码。

表 5.8　picker 组件的自带属性

属　　性	类　　型	默　认　值	说　　明
header-text	boolean	false	是否选中
disabled	boolean	false	是否禁用
mode	string	selector	类型，值为 selector（单项选择器）、multiSelector（多项选择器）、time（时间选择器）、date（日期选择器）、region（省市区选择器）
bindcancel	eventhandle	无	取消时触发

1．单项选择器

mode 为 selector 时生效，属性如表 5.9 所示。

表 5.9　selector 类型属性

属　　性	类　　型	默　认　值	说　　明
range	array	[]	列表选项
range-key	string	无	当 range 是一个 Object Array 时，通过 range-key 来指定 Object 中 key 的值作为选择器显示内容
value	number	0	表示选择了 range 中的第几个（下标从 0 开始）
bindchange	eventhandle	无	value 改变时触发 change 事件，event.detail={value}

【示例 5-8】

演示 selector 的基本用法，代码如下：

```
// test-picker.wxml
<!--pages/test-picker/test-picker.wxml-->

<view class="title-view">selector（单项选择器）</view>
<picker range="{{selectorArray}}" bindchange="selectorChange">
  <view class="picker">当前选择：{{selectorItem}}</view>
</picker>

// test-picker.wxss
.title-view {
  margin-top: 16px;
  margin-left: 16px;
}

.picker {
  color: gray;
  margin: 8px 16px;
```

```
    padding: 8px;
    border: 1rpx solid #dddee1;
}

// test-picker.js
...
  data: {
    selectorItem: '',
    selectorArray: [
      '张三', '李四', '王五'
    ]
  },

  selectorChange(e) {
    let value = this.data.selectorArray[e.detail.value];
    this.setData({
      selectorItem: value
    })
  }
...
```

运行效果如图 5.12 所示。

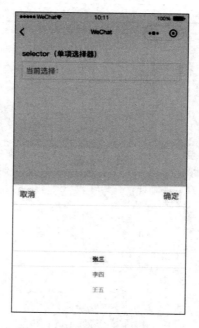

图 5.12 单项选择器使用效果图

【代码解析】picker 的默认 mode 是 selector，所以不用设置该属性。在对 range 设置完成后，我们就可以获得弹出窗口的数据，最后在 selectorChange 方法中进行赋值即可。

> **注　意**
>
> 选择后得到的 value 并不是选项，而是它在数组中的位置，所以还需要在 selectorArray 中取值才能完成赋值。

2. 多项选择器

mode 为 multiSelector 时生效，属性如表 5.10 所示。

表 5.10　multiSelector 类型属性

属性	类型	默认值	说明
range	array	[]	列表选项
range-key	string	无	当 range 是一个 Object Array 时，通过 range-key 来指定 Object 中 key 的值作为选择器显示内容
value	number	0	表示选择了 range 中的第几个（下标从 0 开始）
bindchange	eventhandle	无	value 改变时触发 change 事件，event.detail={value}
bindcolumnchange	eventhandle	无	列表改变时触发

【示例 5-9】

演示 multiSelector 的基本用法，代码如下：

```
// test-picker.wxml
...
<view class="title-view">multiSelector（多项选择器）</view>
<picker
  mode="multiSelector"
  range="{{multiSelectorArray}}"
  bindchange="multiSelectorChange">
  <view class="picker">当前选择：{{multiSelectorItem}}</view>
</picker>

// test-picker.js
...
  data: {
      ...
    multiSelectorItem: '',
    multiSelectorArray: [
       ['张三', '李四', '王五'],
       ['一班', '二班', '三班'],
       ['在岗', '缺勤', '休息']
    ],
  },
    ...
  multiSelectorChange(e) {
```

```
      let value1 = this.data.multiSelectorArray[0][e.detail.value[0]];
      let value2 = this.data.multiSelectorArray[1][e.detail.value[1]];
      let value3 = this.data.multiSelectorArray[2][e.detail.value[2]];
      this.setData({
        multiSelectorItem: value1 + ',' + value2 + ',' + value3
      })
    },
...
```

运行效果如图 5.13 所示。

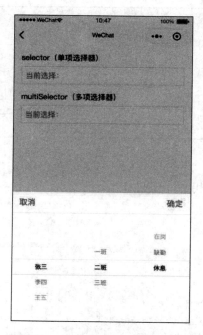

图 5.13　多项选择器使用效果图

【代码解析】multiSelector 实质上就是把 selector 的选项改成多组，两者的基本用法一致，唯一区别就是在赋值时需要从二维数组中取值。

3. 时间选择器

mode 为 time 时生效，属性如表 5.11 所示。

表 5.11　time 类型属性

属　　性	类　　型	默 认 值	说　　明
value	string	无	表示选中的时间，格式为"hh:mm"
start	string	无	表示有效时间范围的开始，字符串格式为"hh:mm"
end	string	无	表示有效时间范围的结束，字符串格式为"hh:mm"
bindchange	eventhandle	无	value 改变时触发 change 事件，event.detail={value}

【示例 5-10】

演示 time 的基本用法，代码如下：

```
// test-picker.wxml
...
<view class="title-view">time（时间选择器）</view>
<picker mode="time" bindchange="timeChange">
  <view class="picker">当前选择：{{time}}</view>
</picker>
// test-picker.js
...
  data: {
      ...
      time: '',
  },
    ...
  timeChange(e) {
    this.setData({
      time: e.detail.value
    })
  },
...
```

运行效果如图 5.14 所示。

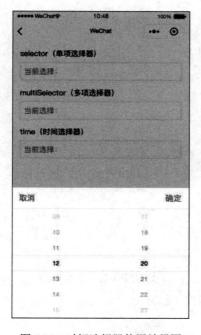

图 5.14　时间选择器使用效果图

【代码解析】time 类型与 multiSelector 非常相似，相当于制作了一个固定两组数据的多项选择器，值就是从 00 到 24，好处是通过封装之后可以直接获取结果，不需要再从二维数组中取值。

4. 日期选择器

mode 为 date 时生效，属性如表 5.12 所示。

表 5.12 date 类型属性

属性	类型	默认值	说明
value	string	无	表示选中的时间，格式为 " YYYY-MM-DD"
start	string	无	表示有效时间范围的开始，字符串格式为 " YYYY-MM-DD"
end	string	无	表示有效时间范围的结束，字符串格式为 " YYYY-MM-DD "
fields	string	day	日期精确度，year（年）、month（月）、day（日）
bindchange	eventhandle	无	value 改变时触发 change 事件，event.detail={value}

【示例 5-11】

演示 date 的基本用法，代码如下：

```
// test-picker.wxml
...
<view class="title-view">date（日期选择器）</view>
<picker mode="date" fields="month" bindchange="dateChange">
  <view class="picker">当前选择：{{date}}</view>
</picker>

// test-picker.js
...
  data: {
    ...
      date: '',
  },
    ...
  dateChange(e) {
    this.setData({
      date: e.detail.value
    })
  },
...
```

运行效果如图 5.15 所示。

【代码解析】date 的用法与 time 基本相同，不多做赘述，唯一的区别是多了一个 fields 属性，用来控制日期精确到年、月、日。

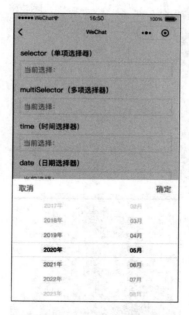

图 5.15　日期选择器使用效果图

5. 省市区选择器

mode 为 region 时生效，属性如表 5.13 所示。

表 5.13　region 类型属性

属　　性	类　　型	默　认　值	说　　明
value	array	[]	表示选中的省市区，默认选中每一列的第一个值
custom-item	string	无	可为每一列的顶部添加一个自定义的项
bindchange	eventhandle	无	value 改变时触发 change 事件，event.detail={value,code,postcode}，其中字段 code 是统计用的区划代码，postcode 是邮政编码

【示例 5-12】

演示 region 的基本用法，代码如下：

```
// test-picker.wxml
...
<view class="title-view">date（日期选择器）</view>
<picker mode="date" fields="month" bindchange="dateChange">
  <view class="picker">当前选择：{{date}}</view>
</picker>

// test-picker.js
...
  data: {
    ...
    date: '',
```

```
    },
    ...
    dateChange(e) {
      this.setData({
        date: e.detail.value
      })
    },
...
```

运行效果如图 5.16 所示。

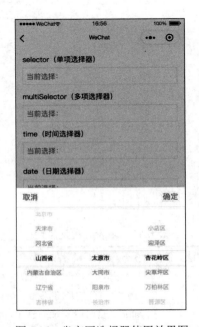

图 5.16　省市区选择器使用效果图

【代码解析】region 同样使用 bindChange 来进行赋值，其特殊点是可以通过 custom-item 添加自定义项，不过大多情况下不会使用到。

5.2　数据校验

在完成了表单组件的学习后，我们来讲一讲小程序中的数据校验。一般来说，在我们提交接口数据后，最终的业务逻辑都会在服务端进行校验，那么是不是说我们可以不用处理了呢？答案是否定的。在客户端进行数据校验不仅能减少服务端的压力，还能提高用户的使用体验。比如在输入邮箱的时候，我们可以在不进行网络请求的情况下，直接用正则表达式判断出是否为一个合法的邮箱。所以，数据校验是十分重要的一个环节。

5.2.1 常用的校验方式

本小节通过一个例子来讲解几个组件常用的校验方式。

【示例 5-13】

新建两个页面 test-check、test-form，并在 index 页面新增两个选项作为本小节的示例展示，代码如下：

```
// index.wxml
...
<button
  style="margin-top:15px"
  bindtap="testCheck">数据校验</button>

<button
  style="margin-top:15px"
  bindtap="testForm">form</button>

// index.js
...
  testCheck() {
    wx.navigateTo({
      url: '../test-check/test-check',
    })
  },
  testForm() {
    wx.navigateTo({
      url: '../test-form/test-form',
    })
  }
...
```

运行代码，效果如图 5.17 所示。这两个按钮分别作为普通数据校验和 form 数据校验的入口。

图 5.17 首页各功能演示选择列表

在 test-check 页面新建一个表单，包括 input、picker、textarea 等组件，完成一个完整的数据校验，代码如下：

```
// test-check.wxml
<!--pages/test-check/test-check.wxml-->
<view class="title-view">姓名</view>
<input placeholder="请输入姓名" bindinput="bindName"></input>

<view class="title-view">生日</view>
<picker mode="date" bindchange="dateChange">
  <view class="picker">当前选择：{{date}}</view>
</picker>

<view class="textarea-view">
  <textarea
    value="{{address}}"
    placeholder="请填写收获地址"
    maxlength="100"
    bindinput="bindAddress"></textarea>
  <view class="textarea-number">{{numberText}}</view>
</view>

<view style="text-align:center">
  <button type="primary" bindtap="submit">提交</button>
</view>

// test-check.wxss

page {
  background-color: #F8F8FA;
}

.title-view {
  margin-top: 16px;
  margin-left: 16px;
}

input {
  border: 1rpx solid #dddee1;
  margin: 8px 16px;
  padding: 0px 8px;
  height: 30px;
  background-color: white;
}

.picker {
```

```css
  color: gray;
  margin: 8px 16px;
  padding: 8px;
  border: 1rpx solid #dddee1;
  background-color: white;
}

.textarea-view {
  height: 100px;
  display: flex;
  flex-wrap: wrap;
  margin: 15px;
  margin-bottom: 45px;
}

textarea {
  background-color: white;
  height: 70px;
  width: 100%;
  padding: 16px;
}

.textarea-number {
  background-color: white;
  width: 100%;
  text-align: right;
}
```

```javascript
// test-check.js
// pages/test-check/test-check.js
Page({

  /**
   * 页面的初始数据
   */
  data: {
    name: '',
    date: '',
    address: '',
    numberText: '0/100'
  },
  bindName(e) {
    this.setData({
```

```
      name: e.detail.value
    })
  },
  dateChange(e) {
    this.setData({
      date: e.detail.value
    })
  },
  bindAddress: function (e) {
    var number = e.detail.value.length;
    this.setData({
      numberText: number + "/100",
      address: e.detail.value
    });
  },
  submit() {
    if (this.data.name == '') {
      wx.showToast({
        title: '请输入姓名',
        icon: 'none'
      })
    } else if (this.data.date == '') {
      wx.showToast({
        title: '请选择生日',
        icon: 'none'
      })
    } else if (this.data.address == '') {
      wx.showToast({
        title: '请输入收获地址',
        icon: 'none'
      })
    } else {
      console.log('姓名：' + this.data.name);
      console.log('生日：' + this.data.date);
      console.log('收获地址：' + this.data.address);
    }
  }
})
```

运行效果如图5.18、图5.19所示。

【代码解析】该表单主要有3个需要提交的属性（name、date和address），分别通过bindName、dateChange、bindAddress方法进行手动赋值。最后在submit事件中检测值是否为空，没有值就弹窗提示，有值则输出数据。

图 5.18　数据校验表单页面样式

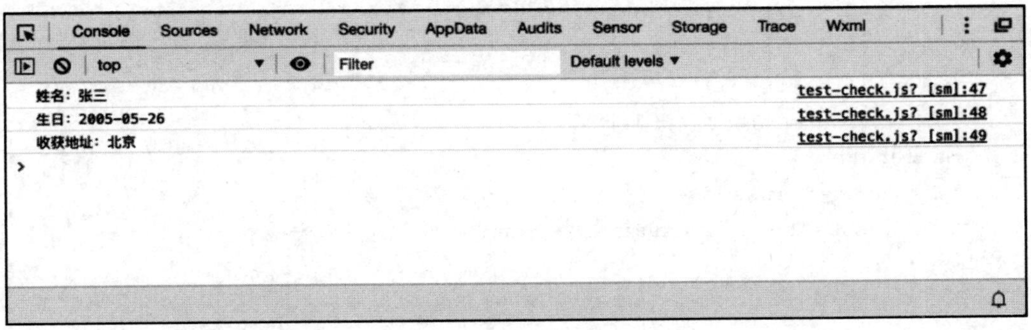

图 5.19　数据校验表单输出

总的来说，这是一套完整的数据赋值、数据校验的步骤。本示例的表单仅有 3 个，如果填写的项目较多，代码就会变得过多，难以排查与阅读。所以，这种校验方式只适用于表单较少的页面，下一小节中我们将会介绍 form 标签的用法。

5.2.2　form

form 是表单的意思，该组件可以将内层嵌套的表单组件（如 switch、input、checkbox、slider、radio、picker 等）直接提交，不需要额外编写赋值代码，所以在表单内容较多时十分可靠。form 的自带属性如表 5.14 所示。

表 5.14　form 组件的自带属性

属　性	类　型	默认值	说　明
report-submit	boolean	false	是否返回 formId 用于发送模板消息
report-submit-timeout	number	0	等待一段时间（毫秒数）以确认 formId 是否生效
bindsubmit	eventhandle	无	携带 form 中的数据触发 submit 事件，event.detail={value:{'name':'value'}, formId: ''}
bindreset	eventhandle	无	表单重置时会触发 reset 事件

【示例 5-14】

我们复用 test-check 的部分代码，使用 form 组件创建一个同样内容的表单页，以对比两种不同处理方式的差异。test-form 页面的代码如下：

```
// test-form.wxml
<!--pages/test-check/test-check.wxml-->
<view class="title-view">姓名</view>
<input placeholder="请输入姓名" bindinput="bindName"></input>

<view class="title-view">生日</view>
<picker mode="date" bindchange="dateChange">
  <view class="picker">当前选择：{{date}}</view>
</picker>

<view class="textarea-view">
  <textarea
    value="{{address}}"
    placeholder="请填写收获地址"
    maxlength="100"
    bindinput="bindAddress"></textarea>
  <view class="textarea-number">{{numberText}}</view>
</view>

<view style="text-align:center">
  <button type="primary" bindtap="submit">提交</button>
</view>

// test-form.wxss
// 与 test-check 相同

// test-form.js
// pages/test-form/test-form.js
Page({

  /**
   * 页面的初始数据
   */
  data: {
    numberText: '0/100'
  },
  bindAddress: function (e) {
    var number = e.detail.value.length;
    this.setData({
```

```
      numberText: number + "/100",
    });
  },
  submit(e) {
    console.log(e.detail.value);
    var name = e.detail.value.name;
    var date = e.detail.value.date;
    var address = e.detail.value.address;
    if (name == '') {
      wx.showToast({
        title: '请输入姓名',
        icon: 'none'
      })
    } else if (date == '') {
      wx.showToast({
        title: '请选择生日',
        icon: 'none'
      })
    } else if (address == '') {
      wx.showToast({
        title: '请输入收获地址',
        icon: 'none'
      })
    } else {
      console.log('姓名：' + name);
      console.log('生日：' + date);
      console.log('收获地址：' + address);
    }
  },
  reset() {
    console.log('重置')
  }
})
```

运行效果如图 5.20、图 5.21 所示。

【代码解析】运行效果差不多，我们先来对比两个页面的代码。WXML 方面，主要多了一个 form 标签，表单设置了 name 属性，button 则需要设置 formType。JS 方面，少了很多代码，因为绑定了 name 属性，提交后会输出我们已填写的数据与 name 的 key 值，如图 5.21 所示。form 组件还有一个功能 reset，用于一键清空表单内所有的数据，在本示例也进行了展示，只需要在 form 设置一个方法即可，不需要手动清空。

总结：如果表单数据较多，直接使用 form 组件，这样在 JS 代码中可以省略大量的属性和赋值操作。

图 5.20　form 数据校验表单页

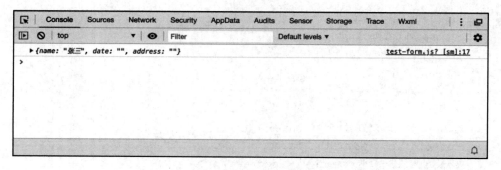

图 5.21　form 数据校验表单输出

5.3　实战练习：登录页

表单部分的内容比较偏向实践，所以我们多做几个例子进行实战练习。几乎每个程序都会有自己的登录功能，所以这次实战练习就以完成一个基本的登录页作为目标。

5.3.1　选择表单组件

登录功能的内容并不复杂，主要功能点是用户名、密码、记住密码和登录按钮。本节使用的表单组件如下：

- form（表单控制）
- input（账号、密码输入框）

- switch（记住密码开关）
- button（登录按钮）

现在已经选好了要使用的组件，新建一个项目 login，用于本节的代码展示，如图 5.22 所示。

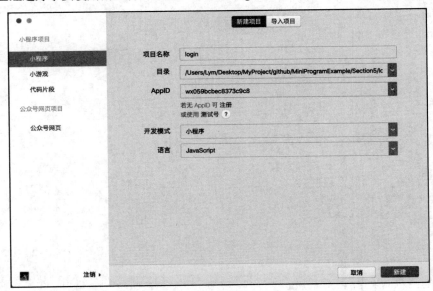

图 5.22　新建测试项目 login

5.3.2　页面实现

前面分析了登录页的主要功能与使用的表单组件，现在准备编码。将 index 页的代码修改如下：

```
// index.wxml
<!--index.wxml-->
<form catchsubmit="submit" catchreset="reset">

  <view class="input-view">
    <text>账号</text>
    <input placeholder="请输入账号" name="account"></input>
  </view>

  <view class="input-view">
    <text>密码</text>
    <input placeholder="请输入密码" name="password"></input>
  </view>

  <view class="switch-view">
    <text space="emsp">记住密码 </text>
    <switch checked name="isRember" />
  </view>
```

```
    <view class="button-view">
      <button type="primary" formType="submit">登录</button>
    </view>
  </form>

// index.wxss

page {
  background-color: #f8f8fa;
}

.input-view {
  display: flex;
  align-items: center;
  margin: 24px 32px;
}

input {
  border: 1rpx solid #dddee1;
  padding: 0px 8px;
  margin-left: 16px;
  height: 35px;
  background-color: white;
  flex: 1;
}

.switch-view {
  margin: 0px 32px;
  display: flex;
  align-items: center;
  justify-content: flex-end;
}

.button-view {
  text-align: center;
  margin: 16px 32px;
}

button {
  width: 100% !important;
}
```

```js
// index.js
Page({
  submit(e) {
    console.log(e.detail.value);
    var account = e.detail.value.account;
    var password = e.detail.value.password;
    var isRember = e.detail.value.isRember;
    if (account == '') {
      wx.showToast({
        title: '请输入账号',
        icon: 'none'
      })
    } else if (password == '') {
      wx.showToast({
        title: '请输入密码',
        icon: 'none'
      })
    } else {
      console.log('账号: ' + account);
      console.log('密码: ' + password);
      console.log('是否记住密码: ' + isRember);
    }
  }
})
```

运行效果如图 5.23、图 5.24 所示。

图 5.23 登录页数据校验

【代码解析】本示例的登录页表单依然采用了 form 组件，先给 input、switch 等标记上 name 属性，最后通过绑定的 submit 方法输出。输入账号密码后，点击"登录"按钮，就会输出如图 5.24 所示的数据。在真实的开发项目中，通常在 else 内写入网络请求和页面跳转，登录页就算正式完成了。

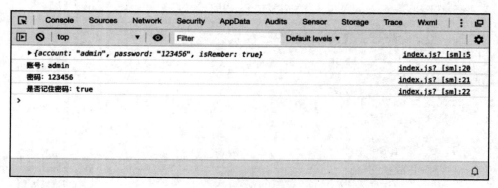

图 5.24　登录页表单输出

5.4　小结

本章学习了微信小程序中各式各样的表单组件，种类较多，对初学者来说可能会有点难以掌握，但用多了就都会了。通常很多需求都是用不同的表单组件完成的，比如将登录页中的"记住密码"，改成 checkbox 也是可以实现的。所以，灵活运用不同的表单组件，为我们构建页面、完成需求才是最重要的。在学习方法上还是要多加练习的，争取达到一拿到需求就能在脑海中构建出用什么样的组件组合成想要的页面效果。面对复杂的表单时也不必担心，把表单逐渐拆解为小的模块去分析，一切都会迎刃而解。

第 6 章

媒体组件与地图组件

制作一个出色的应用，媒体组件必不可少。App 从 2G 时代以文字为主，到 3G 时代以图片为主，再到 4G 时代以视频为主，还有未来无限可能的 5G 时代。我们开发的 App 不能总停留在文字、图片上，所以说媒体组件的学习是十分重要的一环。本章除了媒体组件外，还需要掌握地图组件。地图属于比较特殊的一类组件，虽然不是应用的必备组件，但是在需要显示地理位置、导航等功能时无可替代。所以，两种组件的用法我们都需要努力掌握。

本章主要涉及的知识点有：

- 媒体组件
- 地图组件

6.1 媒体组件

媒体组件主要包括图片、音频、视频和直播等。因为直播组件需要申请，通过微信官方的类目审核才可以开通相关的使用权限，所以这里不进行讲解。

6.1.1 图片组件 image

image 是图片组件，用法与前端的 image 标签区别不大，主要提供了几个方便的 mode。该组件支持 JPG、PNG、SVG、WEBP、GIF 等常见格式，默认宽、高分别为 300px、240px。image 组件中的二维码/小程序码图片不支持长按识别，仅在 wx.previewImage 中支持长按识别。image 的自带属性如表 6.1 所示。

表 6.1 image 组件的自带属性

属　　性	类　　型	默 认 值	说　　明
src	string	无	图片资源地址
mode	string	scaleToFill	图片裁剪、缩放模式
webp	boolean	false	默认不解析 webp 格式，只支持网络资源
lazy-load	boolean	false	图片懒加载，在即将进入一定范围（上下三屏）时才开始加载
show-menu-by-longpress	boolean	false	开启长按图片显示识别小程序码菜单
binderror	eventhandle	无	当错误发生时触发，event.detail={errMsg}
bindload	eventhandle	无	当图片载入完毕时触发，event.detail={height, width}

image 的 mode 包含的有效值较多，如表 6.2 所示。

表 6.2 image 组件 mode 属性有效值

有　效　值	说　　明
scaleToFill	缩放模式，不保持纵横比缩放图片，使图片的宽高完全拉伸至填满 image 元素
aspectFit	缩放模式，保持纵横比缩放图片，使图片的长边能完全显示出来。也就是说，可以完整地将图片显示出来
aspectFill	缩放模式，保持纵横比缩放图片，只保证图片的短边能完全显示出来
widthFix	缩放模式，宽度不变，高度自动变化，保持原图宽高比不变
heightFix	缩放模式，高度不变，宽度自动变化，保持原图宽高比不变
top	裁剪模式，不缩放图片，只显示图片的顶部区域
bottom	裁剪模式，不缩放图片，只显示图片的底部区域
center	裁剪模式，不缩放图片，只显示图片的中间区域
left	裁剪模式，不缩放图片，只显示图片的左边区域
right	裁剪模式，不缩放图片，只显示图片的右边区域
top left	裁剪模式，不缩放图片，只显示图片的左上边区域
top right	裁剪模式，不缩放图片，只显示图片的右上边区域
bottom left	裁剪模式，不缩放图片，只显示图片的左下边区域
bottom right	裁剪模式，不缩放图片，只显示图片的右下边区域

【示例 6-1】

新建一个项目 media，用于本章的代码展示。清空 index.wxml 和 index.js 的代码，并输入以下代码：

```
// index.wxml
<view>媒体组件测试</view>

<button
```

```
    style="margin-top:15px"
    bindtap="testImage">image</button>

<button
    style="margin-top:15px"
    bindtap="testCamera">camera</button>

<button
    style="margin-top:15px"
    bindtap="testAudio">audio</button>

<button
    style="margin-top:15px"
    bindtap="testVideo">video</button>

<view>地图组件测试</view>

<button
    style="margin-top:15px"
    bindtap="testMap">map</button>

// index.js
...
  testImage() {
    wx.navigateTo({
      url: '../test-image/test-image',
    })
  },
  testCamera() {
    wx.navigateTo({
      url: '../test-camera/test-camera',
    })
  },
  testAudio() {
    wx.navigateTo({
      url: '../test-audio/test-audio',
    })
  },
  testVideo() {
    wx.navigateTo({
      url: '../test-video/test-video',
    })
  },
```

```
testMap() {
  wx.navigateTo({
    url: '../test-map/test-map',
  })
}
...
```

运行代码,首页效果如图 6.1 所示。在接下来的小节里,我们通过点击不同的按钮进入对应的组件展示中。

图 6.1 首页各功能演示选择列表

接下来新建一个页面 test-image,用来展示本小节的内容。image 组件的大多数属性都比较容易理解,所以我们以展示各种 mode 的区别为主,代码如下:

```
// test-image.wxml
<!--pages/test-image/test-image.wxml-->

<view class="round-view">
  <view>
    <view>模式: scaleToFill</view>
    <image mode="scaleToFill" src="/images/cat.jpg"></image>
  </view>
  <view>
    <view>模式: aspectFit</view>
    <image mode="aspectFit" src="/images/cat.jpg"></image>
  </view>
</view>

<view class="round-view">
  <view>
    <view>模式: aspectFill</view>
```

```
      <image mode="aspectFill" src="/images/cat.jpg"></image>
  </view>
  <view>
    <view>模式：widthFix</view>
    <image mode="widthFix" src="/images/cat.jpg"></image>
  </view>
</view>

<view class="round-view">
  <view>
    <view>模式：heightFix</view>
    <image mode="heightFix" src="/images/cat.jpg"></image>
  </view>
  <view>
    <view>模式：top</view>
    <image mode="top" src="/images/cat.jpg"></image>
  </view>
</view>

<view class="round-view">
  <view>
    <view>模式：bottom</view>
    <image mode="bottom" src="/images/cat.jpg"></image>
  </view>
  <view>
    <view>模式：center</view>
    <image mode="center" src="/images/cat.jpg"></image>
  </view>
</view>

// test-image.wxss

.round-view {
  display: flex;
  justify-content: space-around;
  margin-top: 10px;
}

image {
  height: 120px;
  width: 120px;
}
```

运行效果如图 6.2 所示。

图 6.2　image 组件的各种 mode 效果

【代码解析】为了能在一个页面多展示一些示例，我们把 image 的宽、高都设为 100px。如果之前无法正确理解不同 mode 的含义，从这组图片应该可以分析出来了。left、right 与 top、bottom 理解起来十分相似，就不单独写在例子里了。

通常我们不会选择让展示图变形，所以 aspectFit、aspectFill、widthFix、heightFix 都是比较常用的。

6.1.2　摄像头组件 camera

介绍完图片组件，下面我们继续来看一下系统相机组件——camera。camera 的自带属性如表 6.3 所示。

表 6.3　camera 组件的自带属性

属　性	类　型	默 认 值	说　明
mode	string	normal	应用模式，只在初始化时有效，不能动态变更，有效值为 normal（相机）、scanCode（扫码）
resolution	string	medium	分辨率，不支持动态修改，有效值为 low（低）、medium（中）、high（高）
device-position	string	back	摄像头朝向，有效值为 front（前置）、back（后置）
flash	string	auto	闪光灯，有效值为 auto（自动）、on（打开）、off（关闭）、torch（常亮）
frame-size	string	medium	指定期望的相机帧数据尺寸，有效值为 small（小尺寸）、medium（中尺寸）、large（大尺寸）
bindstop	eventhandle	无	摄像头在非正常终止时触发，如退出后台等
binderror	eventhandle	无	用户不允许使用摄像头时触发
bindinitdone	eventhandle	无	相机初始化完成时触发，e.detail={maxZoom}
bindscancode	eventhandle	无	在扫码识别成功时触发，仅在 mode="scanCode"时生效

【示例 6-2】

使用 camera 组件拍摄一张相片，代码如下：

```
// test-camera.wxml
<!--pages/test-camera/test-camera.wxml-->
<view class="camera-view">
  <camera flash="off" binderror="photoError"></camera>
</view>
<button type="primary" bindtap="takePhoto">拍照</button>
<view class="title-view">预览</view>
<view class="camera-view">
  <image mode="widthFix" src="{{photoUrl}}"></image>
</view>

// test-camera.wxss
.camera-view {
  width: 100%;
  height: 300px;
  display: flex;
  justify-content: center;
  align-items: center;
}

camera {
  width: 80%;
  height: 250px;
}

.title-view {
  margin-top: 16px;
  margin-left: 16px;
}

// test-cameraa.js
...
  data: {
    photoUrl: ''
  },
  takePhoto() {
    const ctx = wx.createCameraContext()
    ctx.takePhoto({
      quality: 'high',
      success: (res) => {
```

```
      this.setData({
        photoUrl: res.tempImagePath
      })
    }
  })
},
photoError(e) {
  console.log(e.detail)
}
...
```

运行效果如图 6.3 所示。

 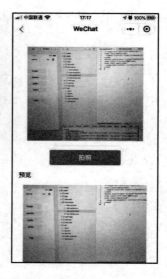

图 6.3　camera 组件权限获取与演示效果

【代码解析】相机组件的用法并不复杂，权限方面不需要像 Android、iOS 一样手动申请，系统会询问用户。拍照功能上，camera 就是摄像头所拍摄的画面，有了权限之后它就有了画面。我们在完成拍照后，为 photoUrl 赋值，预览图就会出来了。如果要实现和手机类似的拍摄效果，需要自定义一个拍照页，把 camera 铺满全屏幕，完成拍照后再把图片路径回调给上一页。

6.1.3　音频组件 audio

音频组件通常会出现在音乐软件中，audio 可以播放本地或网络上的音频。audio 的自带属性如表 6.4 所示。

表 6.4　audio 组件的自带属性

属　性	类　型	默 认 值	说　明
id	string	无	audio 组件的唯一标识符
src	string	无	播放音频的资源地址
loop	boolean	false	是否循环播放

(续表)

属　　性	类　　型	默　认　值	说　　明
controls	boolean	false	是否显示默认控件
poster	string	无	音频封面的图片资源地址
name	string	未知音频	默认控件上的音频名字，若 control 属性值为 false 则设置 name 无效
author	string	未知作者	默认控件上的作者名字，若 controls 属性值为 false 则设置 author 无效
binderror	eventhandle	无	当发生错误的时候触发 error 事件，detail={errMsg: MediaError.code}
bindplay	eventhandle	无	当开始/继续播放时触发 play 事件
bindpause	eventhandle	无	当暂停播放时触发 pause 事件
bindtimeupdate	eventhandle	无	当播放进度改变的时候触发 timeupdate 事件，detail={currentTime, duration}
bindended	eventhandle	无	当播放到末尾时触发 ended 事件

【示例 6-3】

使用 audio 组件进行音频播放的展示，代码如下：

```
// test-audio.wxml
<!--pages/test-audio/test-audio.wxml-->
<view>
  <audio poster="{{poster}}" name="{{name}}" author="{{author}}" src="{{src}}" id="musicAudio" controls loop></audio>
</view>

<button type="primary" bindtap="audioPlay">播放</button>
<button type="primary" bindtap="audioPause">暂停</button>
<button type="primary" bindtap="audioReset">回到开头</button>

// test-audio.wxss
view {
  text-align: center;
}

button {
  margin-top: 16px;
}

// test-audio.js
  data: {
    poster: '/images/qlx.jpg',
    name: '七里香',
```

```
      author: '周杰伦',
      src: '/music/七里香.mp3',
    },
    onLoad: function (options) {
      this.audioCtx = wx.createAudioContext('musicAudio');
    },
    audioPlay: function () {
      this.audioCtx.play();
    },
    audioPause: function () {
      this.audioCtx.pause();
    },
    audioReset: function () {
      this.audioCtx.seek(0);
    }
```

运行效果如图 6.4 所示。

图 6.4　audio 组件音频播放效果

【代码解析】音频组件的使用方法并不复杂,我们在添加了 audio 组件后就可以看到一个音频播放框,其中 poster 为封面图、name 为歌曲名、author 为歌手名、src 为路径。如果想对音频进行操作,就必须设置一个 id,本例设置为 musicAudio,之后在 JS 文件中使用 wx.createAudioContext 方法将该 id 初始化,即可对音频对象进行操作。其中,play 是播放、pause 是暂停、seek 是跳转到指定时间。audio 组件上也有自带的播放暂停功能。因为笔者没有找到合适的歌曲和图片资源,所以使用本地歌曲进行演示,读者可自行替换歌曲进行测试。

6.1.4　视频组件 video

随着手机网速的提高、流量资费的下降,视频功能在我们的手机应用中越来越常见。video 的默认宽、高为 300px、225px,可通过 wxss 修改。video 的自带属性如表 6.5 所示。

表 6.5　video 组件的自带属性

属　　性	类　　型	默 认 值	说　　明
src	number	无	播放视频的资源地址
duration	boolean	false	指定视频时长
controls	boolean	true	是否显示默认播放控件（播放/暂停按钮、播放进度、时间）
danmu-list	Array	无	弹幕列表
danmu-btn	boolean	false	是否显示弹幕按钮，只在初始化时有效，不能动态变更
enable-danmu	boolean	false	是否展示弹幕，只在初始化时有效，不能动态变更
autoplay	boolean	false	是否自动播放
loop	boolean	false	是否循环播放
muted	boolean	false	是否静音播放
initial-time	number	0	指定视频初始播放位置
direction	number	无	设置全屏时视频的方向，不指定则根据宽高比自动判断
show-progress	boolean	true	若不设置，则宽度大于 240 时才会显示
show-fullscreen-btn	boolean	true	是否显示全屏按钮
show-play-btn	boolean	true	是否显示视频底部控制栏的播放按钮
show-center-play-btn	boolean	true	是否显示视频中间的播放按钮
enable-progress-gesture	boolean	true	是否开启控制进度的手势
object-fit	string	contain	当视频大小与 video 容器大小不一致时视频的表现形式
poster	string	无	视频封面的图片资源地址
show-mute-btn	boolean	false	是否显示静音按钮
title	string	无	视频的标题，全屏时在顶部展示
play-btn-position	string	bottom	播放按钮的位置
enable-play-gesture	boolean	false	是否开启播放手势，即双击切换播放/暂停
auto-pause-if-navigate	boolean	true	当跳转到本小程序的其他页面时，是否自动暂停本页面的视频播放
auto-pause-if-open-native	boolean	true	当跳转到其他微信原生页面时，是否自动暂停本页面的视频
vslide-gesture	boolean	false	在非全屏模式下，是否开启亮度与音量调节手势
vslide-gesture-in-fullscreen	boolean	true	在全屏模式下，是否开启亮度与音量调节手势

（续表）

属性	类型	默认值	说明
ad-unit-id	strinng	无	视频前贴广告单元 ID
poster-for-crawler	strinng	无	用于给搜索等场景作为视频封面展示，建议使用无播放 icon 的视频封面图，只支持网络地址
show-casting-button	boolean	false	显示投屏按钮。只在 Android 且同层渲染下生效，支持 DLNA 协议
picture-in-picture-mode	string/Array	无	设置小窗模式：push，pop，空字符串或通过数组形式设置多种模式（如["push","pop"]）
picture-in-picture-show-progress	boolean	false	是否在小窗模式下显示播放进度
enable-auto-rotation	boolean	false	是否开启手机横屏时自动全屏，当系统设置开启自动旋转时生效
show-screen-lock-button	boolean	false	是否显示锁屏按钮，仅在全屏时显示，锁屏后控制栏的操作
bindplay	eventhandler	无	当开始/继续播放时触发 play 事件
bindpause	eventhandler	无	当暂停播放时触发 pause 事件
bindended	eventhandler	无	当播放到末尾时触发 ended 事件
bindtimeupdate	eventhandler	无	播放进度变化时触发，event.detail={currentTime,duration}，触发频率为 250ms 一次
bindfullscreenchange	eventhandler	无	视频进入和退出全屏时触发，event.detail={fullScreen,direction}，direction 的有效值为 vertical、horizontal
bindwaiting	eventhandler	无	视频出现缓冲时触发
binderror	eventhandler	无	视频播放出错时触发
bindprogress	eventhandler	无	加载进度变化时触发，只支持一段加载
bindloadedmetadata	eventhandler	无	视频元数据加载完成时触发
bindcontrolstoggle	eventhandler	无	切换 controls 显示隐藏时触发
bindenterpictureinpicture	eventhandler	无	播放器进入小窗时触发
bindleavepictureinpicture	eventhandler	无	播放器退出小窗时触发

【示例 6-4】

使用 audio 组件进行视频播放、弹幕的展示，代码如下：

```
// test-video.wxml
<!--pages/test-video/test-video.wxml-->
<view>
```

```
    <video src="{{src}}" danmu-list="{{danmuList}}" enable-danmu danmu-btn controls></video>
  </view>

// test-video.wxss
...
  data: {
    src: 'http://wxsnsdy.tc.qq.com/105/20210/snsdyvideodownload?filekey=30280201010421301f0201690402534804102ca905ce620b1241b726bc41dcff44e002040128 82540400&bizid=1023&hy=SH&fileparam=302c020101042530230204136ffd93020457e3c4ff02024ef202031e8d7f02030f42400204045a320a0201000400',
    danmuList: [{
      text: '测试弹幕1',
      color: '#ff0000',
      time: 8
    }, {
      text: '测试弹幕2',
      color: '#ff00ff',
      time: 9
    }],
  }
...
```

运行效果如图6.5所示。

图6.5 video组件视频播放、弹幕效果

【代码解析】本示例的src属性使用网络视频地址进行测试,设置danmuList属性插入了两条弹幕,并对弹幕的颜色、出现时间进行了设置。相较于音频组件,视频组件的属性非常多。实际上,不进行深度定制化时,只用几个常用的属性也可以完成需求,比如弹幕类的属性就可以忽略。

6.2 地图组件

在开发移动端应用时,通常我们做地图功能都会使用第三方的百度、高德地图 sdk。在微信小程序中开发地图的功能十分方便,直接内置了官方的腾讯地图。虽然小程序也可以导入一些第三方,但是本节的教程还是以腾讯地图为准。

6.2.1 地图组件的使用方式

在小程序中使用地图十分方便,直接使用 map 组件即可。地图组件的经纬度必填,如果不填经纬度,则默认值是北京的经纬度。map 的自带属性如表 6.6 所示。

表 6.6 map 组件的自带属性

属 性	类 型	默 认 值	说 明
longitude	number	无	经度
latitude	number	无	纬度
scale	number	16	缩放级别,取值范围为 3~20
markers	number	无	标记点
polyline	Array	无	路线
circles	Array	无	圆
include-points	Array	无	缩放视野以包含所有给定的坐标点
show-location	boolean	false	显示带有方向的当前定位点
polygons	Array	无	多边形
subkey	string	无	个性化地图使用的 key
layer-style	number	1	个性化地图配置的 style,不支持动态修改
rotate	number	0	旋转角度,范围为 0~360,是地图正北和设备 y 轴角度的夹角
skew	number	0	倾斜角度,范围为 0~40,是关于 z 轴的倾角
enable-3D	boolean	false	展示 3D 楼块
show-compass	boolean	false	显示指南针
show-scale	boolean	false	显示比例尺
enable-overlooking	boolean	false	开启俯视
enable-zoom	boolean	true	是否支持缩放
enable-scroll	boolean	true	是否支持拖动
enable-rotate	boolean	false	是否支持旋转
enable-satellite	boolean	false	是否开启卫星图
enable-traffic	boolean	false	是否开启实时路况

（续表）

属 性	类 型	默认值	说 明
setting	object	无	配置项
bindtap	eventhandle	无	点击地图时触发，从 2.9.0 起返回经纬度信息
bindmarkertap	eventhandle	无	点击标记点时触发，e.detail={markerId}
bindlabeltap	eventhandle	无	点击 label 时触发，e.detail={markerId}
bindcontroltap	eventhandle	无	点击控件时触发，e.detail={controlId}
bindcallouttap	eventhandle	无	点击标记点对应的气泡时触发，e.detail={markerId}
bindupdated	eventhandle	无	在地图渲染更新完成时触发
bindregionchange	eventhandle	无	视野发生变化时触发
bindpoitap	eventhandle	无	点击地图 poi 点时触发，e.detail={name,longitude,latitude}

【示例 6-5】

制作一个仅用于展示的地图非常简单，代码如下：

```
// test-map.wxml
<!--pages/test-map/test-map.wxml-->
<map scale="11" longitude="116.405 " latitude="39.92"></map>

// test-map.wxss
/* pages/test-map/test-map.wxss */
map {
  width: 100%;
  height: 300px;
}
```

首页效果如图 6.6 所示。

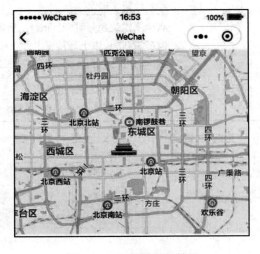

图 6.6　map 组件展示效果

【代码解析】 展示地图的代码只需要设置 scale 来确定缩放级别，并对经度（longitude）和纬度（latitude）进行设置即可。如果不设置经纬度，就会默认显示北京。

6.2.2 定位

演示完地图的基本用法后，我们讲一下定位功能。本小节的示例将会通过获取用户地理位置并将位置传入 map 组件显示出来。

【示例 6-6】

获取用户地理位置时需要授权，可在 app.json 的 permission 中进行配置，代码如下：

```json
// app.json
...
  "permission": {
    "scope.userLocation": {
      "desc": "小程序需要获取您的地理位置以提供更好的服务"
    }
  },
...
```

获得权限后，接下来获取地理位置，需要用到的方法是 wx.getLocation。该方法的参数如表 6.7 所示。

表 6.7　wx.getLoaction 方法参数说明

属性	类型	默认值	说明
type	string	wgs84	wgs84 返回 GPS 坐标，gcj02 返回可用于 wx.openLocation 的坐标
altitude	string	false	传入 true 会返回高度信息，由于获取高度需要较高精确度，因此会减慢接口返回速度
isHighAccuracy	boolean	false	开启高精度定位
highAccuracy-ExpireTime	number	无	高精度定位超时时间（ms），指定时间内返回最高精度，该值在 3000ms 以上高精度定位才有效果
success	function	无	接口调用成功的回调函数
fail	function	无	接口调用失败的回调函数
complete	function	无	接口调用结束的回调函数（调用成功、失败都会执行）

在 test-map.js 中写入获取地理位置的代码，具体如下：

```javascript
// test-map.js
...
  onLoad: function (options) {
    wx.getLocation({
      success(res) {
```

```
      console.log(res)
    }
  })
},
...
```

运行效果如图 6.7、图 6.8 所示。

图 6.7　获取地理位置权限

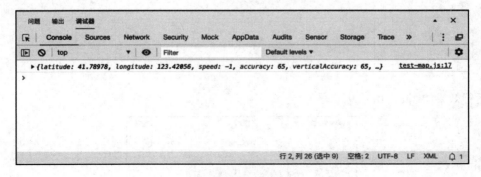

图 6.8　地理位置信息输出

【代码解析】wx.getLocation 方法使用默认值，只传入 success 来接收地理信息。在点击图 6.7 中的"确定"按钮后，就可以看到如图 6.8 的地理位置信息了。授权只会在第一次提示，之后进入页面即可直接获取。

最后改造 test-map 的代码，把获取的地理位置展示在地图中：

```
// test-map.wxml
<!--pages/test-map/test-map.wxml-->
<map scale="11" longitude="{{longitude}} " latitude="{{latitude}}"></map>


// test-map.js
```

```javascript
// pages/test-map/test-map.js
Page({

  /**
   * 页面的初始数据
   */
  data: {
    longitude: '',
    latitude: ''
  },

  /**
   * 生命周期函数--监听页面加载
   */
  onLoad: function (options) {
    var self = this;
    wx.getLocation({
      success(res) {
        console.log(res);
        self.setData({
          longitude: res.longitude,
          latitude: res.latitude
        });
      }
    })
  },
})
```

运行效果如图 6.9 所示。

图 6.9　将定位展示在 map 组件上

【代码解析】 首先需要把经纬度的固定值改为绑定在 data 中。在获取数据后，从 res 中读取并赋值即可。需要注意的是，不能在 success 的回调中直接使用 this，这样其指向的对象会爆出如图 6.10 所示的错误。解决方法很简单，在外层先创建一个 self 指向 this 即可。

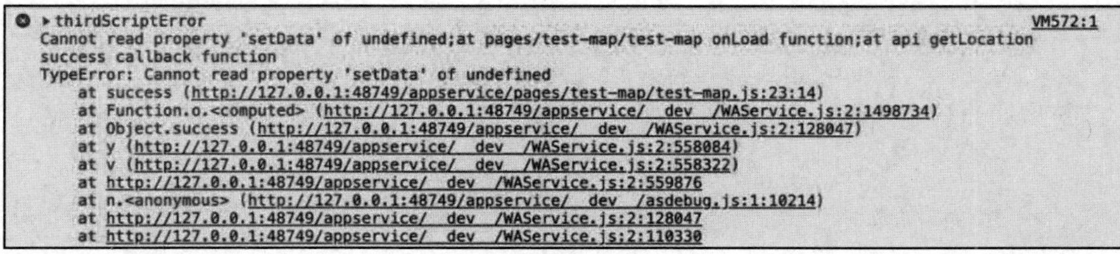

```
▶thirdScriptError                                                    VM572:1
Cannot read property 'setData' of undefined;at pages/test-map/test-map onLoad function;at api getLocation
success callback function
TypeError: Cannot read property 'setData' of undefined
    at success (http://127.0.0.1:48749/appservice/pages/test-map/test-map.js:23:14)
    at Function.o.<computed> (http://127.0.0.1:48749/appservice/__dev__/WAService.js:2:1498734)
    at Object.success (http://127.0.0.1:48749/appservice/__dev__/WAService.js:2:128047)
    at y (http://127.0.0.1:48749/appservice/__dev__/WAService.js:2:558084)
    at v (http://127.0.0.1:48749/appservice/__dev__/WAService.js:2:558322)
    at http://127.0.0.1:48749/appservice/__dev__/WAService.js:2:559876
    at n.<anonymous> (http://127.0.0.1:48749/appservice/__dev__/asdebug.js:1:10214)
    at http://127.0.0.1:48749/appservice/__dev__/WAService.js:2:128047
    at http://127.0.0.1:48749/appservice/__dev__/WAService.js:2:110330
```

图 6.10 this 指向错误发生报错

6.2.3 设置标记与气泡

在开发地图功能时，通常会有在地图上添加标记的功能，比如景点位置、快递员位置等。除此之外，我们还要在标记上设置点击气泡和自定义点击事件。marker 的属性如表 6.8 所示。

表 6.8 marker 的属性

属 性	类 型	说 明
id	number	标记点 id，不设置的话无法在 map 组件中使用 bindmarkertap
latitude	number	纬度
longitude	number	经度
title	string	标注标题
zIndex	number	显示层级
iconPath	string	显示的图标，不设置有系统的默认图标
rotate	number	旋转角度
alpha	number	标注透明度
width	number/string	标注图标宽度
height	number/string	标注图标高度
callout	Object	自定义标记点上方的气泡窗口
label	Object	为标记点旁边增加标签
anchor	Object	经纬度在标注图标的锚点，默认为底边中点

【示例 6-7】

创建几个标记点，并添加上点击事件，代码如下：

```
// test-map.wxmltest-map.wxml
<!--pages/test-map/test-map.wxml-->
<map
  scale="11"
  longitude="{{longitude}}"
```

```
    latitude="{{latitude}}"
    markers="{{markers}}"
    bindmarkertap="markertap"></map>

// test-map.js
// pages/test-map/test-map.js
Page({

  /**
   * 页面的初始数据
   */
  data: {
    longitude: '',
    latitude: '',
    markers: []
  },

  /**
   * 生命周期函数--监听页面加载
   */
  onLoad: function (options) {
    var self = this;
    wx.getLocation({
      success(res) {
        console.log(res);
        var array = [];
        for (let i = 0; i < 3; i++) {
          var item = {
            id: i,
            title: '我是标记' + i,
            longitude: res.longitude + i * 0.1,
            latitude: res.latitude + i * 0.1,
            width: 40,
            height: 40,
          }
          array.push(item);
        }
        self.setData({
          longitude: res.longitude,
          latitude: res.latitude,
          markers: array
        });
      }
```

```
      })
    },
    markertap(e) {
      console.log('1111')
      wx.showToast({
        title: '点击了标记',
      })
    }
  })
```

运行效果如图 6.11 所示。

图 6.11　地图组件标记功能

【代码解析】地图上设置的标记实际上就是给 map 组件传入了一个数组。我们在这个地图中创建了 3 个标记对象，需要包含标记的 id、经纬度、标题等属性。点击事件需要添加一个 bindmarkertap 事件。

注　　意
如果 marker 没有设置 id，是无法触发点击事件的。

6.3　小结

本章对小程序的媒体组件与地图组件进行了讲解。通过本章的学习，相信读者已经掌握了媒体组件的基本用法。当今的应用中媒体功能越来越丰富，所以本章的内容还是十分重要的。实践性的内容只在书面上看看很难完全掌握，建议读者一定要多动手进行尝试，以便巩固在本章学到的知识。

第 7 章

网 络 请 求

本章主要讲解如何发送网络请求，并解释一下 HTTP（HyperText Transfer Protocol，超文本传输协议）的基本原理。通常我们发送的网络请求都是基于 HTTP 的。HTTP 作为应用最为广泛的网络协议，不论前端还是后端都需要经常接触。在日常开发的程序中，网络请求是不可或缺的。除了个别工具类应用不需要用到网络，基本上每个程序都需要使用，所以本章的知识点也是必须掌握的。

本章主要涉及的知识点有：

- 第一条网络请求
- HTTP 基础知识
- HTTPS
- 实战练习：封装 HTTP 拦截器

7.1 第一条网络请求

正如本章开头所说，HTTP 是我们需要经常接触的协议，可以使用它与远程服务端进行通信。本节将介绍微信小程序的网络配置，并用尽量少的代码先成功地发送一条网络请求。学会了如何使用网络请求之后，再在之后的内容中详细了解其中的原理。

7.1.1 网络配置

微信小程序中无法直接发送网络请求，必须事先对服务器域名进行设置，未进行设置的域名无法发送请求。官方对服务器域名配置做了一系列的限制，具体如下：

- 域名只支持 HTTPS（wx.request、wx.uploadFile、wx.downloadFile）和 WSS（wx.connectSocket）协议。
- 域名不能使用 IP 地址（小程序的局域网 IP 除外）或 localhost。
- 可以配置端口，如 https://myserver.com:8080，但是配置后只能向 https://myserver.com:8080 发起请求，对 https://myserver.com、https://myserver.com:9091 等 URL 的请求则会失败。
- 如果不配置端口（如 https://myserver.com），那么请求的 URL 中也不能包含端口，甚至是默认的 443 端口也不可以，对 https://myserver.com:443 的请求会失败。
- 域名必须经过 ICP 备案。
- 出于安全考虑，api.weixin.qq.com 不能被配置为服务器域名，相关 API 也不能在小程序内调用。开发者应将 AppSecret 保存到后台服务器中，通过服务器使用 getAccessToken 接口获取 access_token，并调用相关 API。
- 对于每个接口，最多可以配置 20 个域名。

接下来讲解如何配置。首先登录微信公众平台，在后台中点击"开发→开发设置→服务器域名"，即可进行配置，如图 7.1 所示。

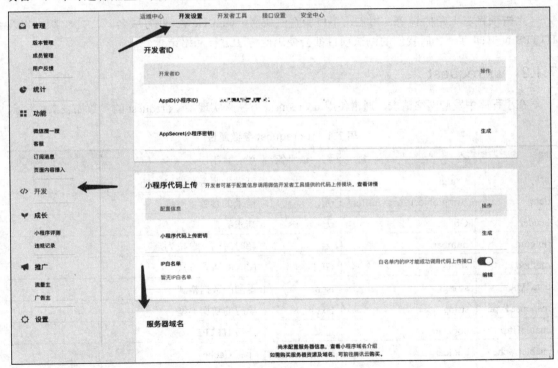

图 7.1 服务器域名配置

对于个人练习项目来说，小程序使用 HTTPS 比较麻烦，好在小程序提供了跳过合法域名校验的功能，方便开发阶段使用，设置方法如图 7.2 所示。

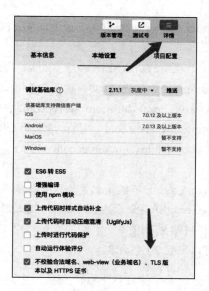

图 7.2　不校验合法域名

点击项目右上角的详情，再点击不校验合法域名、web-view（业务域名）、TLS 版本以及 HTTPS 证书即可。之后我们的测试项目都会使用此方法进行网络请求。

7.1.2　wx.request

在小程序中发起网络请求，通常使用 wx.request 方法来实现。wx.request 的参数如表 7.1 所示。

表 7.1　wx.request 参数属性

属　　性	类　　型	默 认 值	说　　明
url	string	无	开发者服务器接口地址
data	string/object/Arraybuffer	无	请求的参数
header	Object	无	请求头
timeout	number	无	超时时间，单位为毫秒
method	string	GET	HTTP 请求方法
dataType	string	json	返回的数据格式
responseType	string	text	响应的数据类型
enableHttp	boolean	false	开启 HTTP2
enableCache	boolean	false	开启 Cache
success	function	无	接口调用成功的回调函数
fail	function	无	接口调用失败的回调函数
complete	function	无	接口调用结束的回调函数（调用成功、失败都会执行）
enableQuic	boolean	false	开启 Quic

其中，success 是接口调用成功的回调函数，它的返回参数如表 7.2 所示。

表 7.2 success 回调函数属性

属　性	类　型	默 认 值	说　明
data	string/Object/Arraybuffer	无	开发者服务器返回的数据
statusCode	number	无	开发者服务器返回的 HTTP 状态码
header	Object	无	开发者服务器返回的 HTTP Response Header
cookies	Array<string>	无	开发者服务器返回的 cookies
profile	Object	无	网络请求过程中的一些调试信息

【示例 7-1】

创建一个新项目 network，用以展示本章的代码。清空 index.wxml 和 index.js 的代码，并输入以下代码：

```
// index.js
onLoad: function(options) {
  wx.request({
    url: 'http://jsonplaceholder.typicode.com/users',
    success: function(res) {
      console.log(res.data);
    }
  })
}
```

运行效果如图 7.3 所示。

【代码解析】本次的网络请求地址使用了一个公开的测试接口，请求类型为 GET。在我们设置了不校验合法域名后，就可以直接得到返回值了。

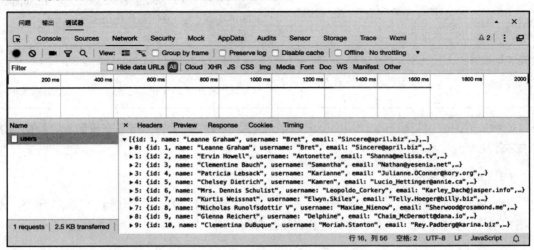

图 7.3 网络请求结果

7.2 HTTP 基础知识

做前端的时候，我们一般需要和后台进行接口对接工作，不管服务端是 Java、PHP 还是 Python 语言编写的，都通过 HTTP 进行交互的。我们每对 HTTP 协议多一分理解，就能少一分交流上的障碍。

7.2.1 请求方法

不同请求方法的应用场景如表 7.3 所示。

表 7.3　常见 HTTP 请求方法的应用场景

方　法	说　明	方　法	说　明
GET	获取资源	DELETE	删除目标资源
POST	传输实体主体	HEAD	获取报文首部
PUT	传输替换目标资源	OPTIONS	获取支持的方法

很多小公司的服务端开发一般不怎么遵守 RESTful API 的设计，很可能所有接口都收 POST，或者说只有 GET 和 POST，这种做法在使用上是没有影响的，只是不太规范。这两种请求类型最常见，所以我们先来讲解一下 GET 和 POST 这两个请求方法的区别，如表 7.4 所示。

表 7.4　GET 与 POST 的区别

	GET	POST
后退按钮/刷新	无害	数据会被重新提交（浏览器会提示）
书签/缓存/历史	√	×
编码类型	application/x-www-form-urlencoded	application/x-www-form-urlencoded 或 multipart/form-data，为二进制数据使用多重编码
数据长度限制	受浏览器限制	无限制
数据类型限制	只允许 ASCII 字符	无限制
可见性	数据在 URL 中对所有人可见、请求会保存在历史记录中	数据保存在主体中，请求不会保存在历史记录中

虽然其他的请求类型可能使用率会低很多，但是也有必要了解。接下来我们对其他的请求方法进行简单的讲解。

（1）PUT 请求

PUT 与 POST 方法的区别在于，PUT 方法是幂等的：调用一次与连续调用多次是等价的（没有副作用），而连续调用多次 POST 方法可能会有副作用，比如将一个订单重复提交多次。

（2）DELETE请求

如果 DELETE 方法成功执行，那么可能会有以下几种状态码：

- 202(Accepted)：表示请求的操作可能会成功执行，但是尚未开始执行。
- 204(No Content)：表示操作已执行，但是无进一步的相关信息。
- 200(OK)：表示操作已执行，并且响应中提供了相关状态的描述信息。

（3）HEAD 请求

HEAD 请求会获取报文首部。该请求方法的一个使用场景是：在下载一个大文件前，先获取其大小再决定是否要下载，以此节约带宽资源。

（4）OPTIONS请求

OPTIONS 请求就是用于获取目的资源所支持的通信选项。

7.2.2 状态码

简单地说，HTTP 状态码就是描述返回的请求结果，如表 7.5 所示。由于种类比较多，因此这里只进行不完全列举。

表 7.5　HTTP 状态码

类别	类别	原因
1xx	Informational（信息性状态码）	接收的请求正在处理
2xx	Success（成功状态码）	请求正常处理完毕
3xx	Redirection（重定向状态码）	需要进行附加操作以完成请求
4xx	Client Error（客户端错误状态码）	服务器无法处理请求
5xx	Server Error（服务端错误状态码）	服务器处理请求出错

在开发过程中，2xx、4xx 和 5xx 更常见一些。知道这些状态码的含义，能够更好地分析出现问题的原因。

7.2.3 请求头

HTTP 的请求头是 HTTP 报文的首部字段，主要用来传递额外的重要信息。

【示例 7-2】

这里举一个简单的例子。

```
// 发起请求
GET / HTTP/1.1
Request URL: https://www.baidu.com/favicon.ico
Host: www.baidu.com
Accept-Language: zh-CN
```

```
// 服务端返回
HTTP/1.1 200 OK
Date: Sat, 07 Apr 2018 02:17:48 GMT
Server: Apache
Last-Modified: Mon, 02 Apr 2018 09:39:34 GMT
Accept-Ranges: bytes
Content-Length: 984
Content-Type: image/x-icon
```

这些参数都是用来传递额外信息的,下面带上注释解释一下。

```
// 发起请求
// 请求方法 / HTTP 版本号
GET / HTTP/1.1
// 请求地址
Request URL: https://www.baidu.com/favicon.ico
// 请求资源所在服务器
Host: www.baidu.com
// 优先选择的语言(自然语言)
Accept-Language: zh-CN

// 服务端返回
// HTTP 版本、HTTP 状态码 200
HTTP/1.1 200 OK
// 创建报文的日期
Date: Sat, 07 Apr 2018 02:17:48 GMT
// HTTP 服务器的安装信息
Server: Apache
// 资源的最后修改时间
Last-Modified: Mon, 02 Apr 2018 09:39:34 GMT
// 支持字节范围请求
Accept-Ranges: bytes
// 实体主体的大小
Content-Length: 984
// 实体主体的类型
Content-Type: image/x-icon
```

HTTP 首部字段种类非常多,这里只列举了常用的一部分。若想了解更多,可以查看 MDN 上的 HTTP Headers 文档(网址为 https://developer.mozilla.org/zh-CN/docs/Web/HTTP/Headers),如图 7.4 所示。

从图 7.4 中可以看出,MDN 里的中文翻译还不太完整,翻译水平高的读者可以帮忙完善一下,为开源事业出一份力。

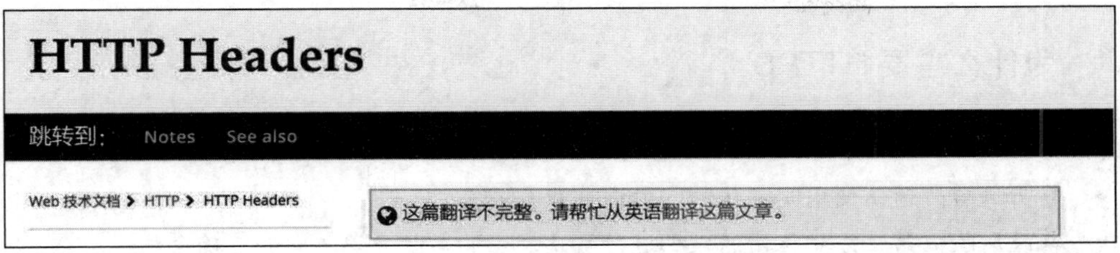

图 7.4　MDN HTTP Headers

讲解完 HTTP 的请求头，我们需要知道如何在小程序中设置它们。接着上文的例子，输入以下代码：

```
// index.js
Request.get('users',{},{userId: 1234}).then(res => {
    this.setData({
      users: res.data
    })
}).catch(err => {});
```

运行效果如图 7.5 所示。

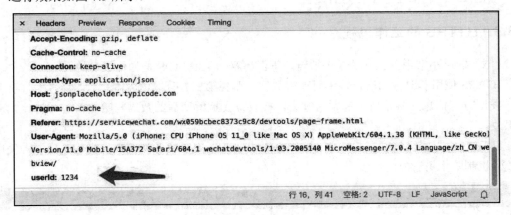

图 7.5　添加请求头

【代码解析】改动其实不大，主要是通过 import 导入 HttpHeaders，在请求前创建一个 headers 对象，并通过 set 方法进行设置。这里举的例子是 Content-Type，其他的请求头也是一样的，通过键值对进行设置即可。

7.3　HTTPS

在前面的内容中，我们已经知道小程序必须要使用 HTTPS，本节主要是了解 HTTPS 和 HTTP 的区别。

7.3.1 为什么需要 HTTPS

在安全方面，HTTP 存在以下几种缺点。

- 窃听风险：通信使用明文传输，内容可能会泄露。
- 篡改风险：第三方对传输的数据进行篡改，影响与服务端之间的正确通信。
- 冒充风险：可能会出现中间人攻击，第三方冒充服务器。

上面 3 种问题可以总结为通信未加密，HTTPS 的出现则很好地解决了以上问题。

7.3.2 什么是 HTTPS

与 HTTP 的明文传输相比，HTTPS 将这些内容加密，确保信息传输安全。HTTPS 中的最后一个字母 S 指的是 SSL（Secure Socket Layer，安全套接层）/TLS（Transport Layer Security，安全传输层）协议，位于 HTTP 与 TCP/IP 之间。

HTTPS 使用非对称加密。私钥只存在于服务器上，服务器下发的内容不可能被伪造，因为别人都没有私钥，所以无法加密。所有人都有公钥，但私钥只有服务器有，所以服务器才能看到被加密的内容。

现在很多应用都在逐步转为 HTTPS。

7.3.3 HTTPS 的工作过程

针对 7.3.1 小节中 HTTP 的 3 个缺点，下面解释一下 HTTPS 是如何应对的。

HTTPS 使用非对称加密传输密码加密数据，避免第三方获取内容。

发送方将信息的哈希值一起发送过去，接收方会把解密后的数据与哈希值进行对比，避免被篡改。

HTTPS 由权威机构颁布 CA（Certificate Authority，电子商务认证授权机构）证书，使用证书校验机制防止第三方的伪装。

提　　示

哈希值是通过哈希算法压缩后得到的数据值，理论上来说不管多复杂的数据都可以通过哈希算法求得哈希值。比如我们下载的 Android SDK 就会提供一个 SHA-256 校验和（属于哈希算法的一种），如图 7.6 所示。

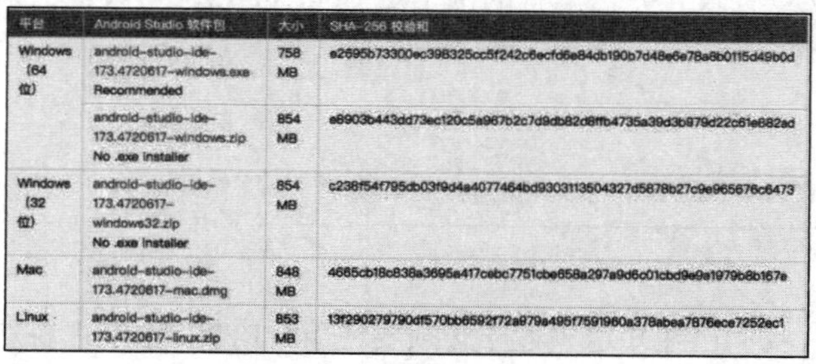

平台	Android Studio 软件包	大小	SHA-256 校验和
Windows（64 位）	android-studio-ide-173.4720617-windows.exe Recommended	758 MB	e2695b73300ec398325cc5f242c6ecfd6e84db190b7d48e6e78a8b0115d49b0d
	android-studio-ide-173.4720617-windows.zip No .exe installer	854 MB	e6903b443dd73ec120c5a967b2c7d9db82d8ffb4735a39d3b979d22c61e682ad
Windows（32 位）	android-studio-ide-173.4720617-windows32.zip No .exe installer	854 MB	c238f54f795db03f9d4a4077464bd9303113504327d5878b27c9e965676c6473
Mac	android-studio-ide-173.4720617-mac.dmg	848 MB	4665cb18c838a3695a417cebc7751cbe658a297a9d6c01cbd9e9a1979b8b167e
Linux	android-studio-ide-173.4720617-linux.zip	853 MB	13f290279790df570bb6592f72a979a495f7591960a378abea7876ece7252ec1

图 7.6 SHA-256

7.3.4 申请 HTTPS

现在很多网站都已经广泛使用 HTTPS，比如 www.baidu.com，我们用 Chrome 就能看到地址栏中的 https 证书以及安全的标识，如图 7.7 所示。

图 7.7　HTTPS 证书

现在 iOS 提交至 App Store 的应用都必须使用 HTTPS 进行网络请求，所以了解如何使用 HTTPS 还是很有必要的。

申请方式很简单，从卖 HTTPS 的网站中找到 CA 证书服务，填写信息购买即可，如图 7.8 所示。

图 7.8　购买 HTTPS 证书

7.3.5 为什么不一直使用 HTTPS

HTTP 有三次握手，在加入 HTTPS 之后就变成了四次握手，所以效率会降低一些，不过还是能接受的。

由于 HTTPS 会降低一定的速度、还有一些额外的成本、因此对于一些不太需要加密的信息，很多企业会倾向于选择 HTTP。

7.4　实战练习：封装 HTTP 拦截器

HTTP 拦截器是开发过程中十分常见的。在构建项目架构的时候，最好建立好 HTTP 拦截器，否则遇到以下几种问题再进行改动会十分浪费时间。

- 需要给所有的请求修改请求地址。
- 需要给所有请求参数设置新的请求头。
- 需要监听所有请求的状态码。

【示例 7-3】

继续使用之前的 network 项目，封装一个 HTTP 拦截器，将网络请求改用这个拦截器发送。首先在 utils 目录下新建一个文件 Request.js 并输入以下代码：

```
// Request.js
const headerUrl = "http://jsonplaceholder.typicode.com/";

function httpReuqest(url, method, data, header) {
  var requestUrl = url;
  if (url.indexOf('http') == -1) {
    requestUrl = headerUrl + url;
  }
  data = data || {};
  header = header || {};
  wx.showNavigationBarLoading();
  let promise = new Promise(function(resolve, reject) {
    wx.request({
      url: requestUrl,
      header: header,
      data: data,
      method: method,
      success: function(res) {
        resolve(res);
      },
      fail: reject,
      complete: function() {
        wx.hideNavigationBarLoading();
      }
    });
  });
  return promise;
}

module.exports = {
  headerUrl: headerUrl,
  "get": function(url, data, header) {
    return httpReuqest(url, "GET", data, header);
  },
  "post": function(url, data, header) {
    return httpReuqest(url, "POST", data, header);
  }
};
```

【代码解析】headerUrl 是公共请求地址，方便复用。该拦截器中，module.exports 的 get 和 post 方法会暴露给外界。我们在调用 get 或 post 请求时会带着参数调用 httpRequest 方法，在该方法中调用 wx.request 完成网络请求，并回调参数。

接下来把 index 页面中的网络请求改为使用拦截器，代码如下：

```
// index.wxml
<!--index.wxml-->
<view wx:for="{{users}}" wx:for-item="item" wx:key="id" style="margin-left: 16px">
  {{item.name}}
</view>

// index.js
const Request = require('../../utils/request.js');
Page({
  /**
   * 页面的初始数据
   */
  data: {
    users: []
  },
  /**
   * 生命周期函数--页面创建时执行
   */
  onLoad: function(options) {
    Request.get('users').then(res => {
      this.setData({
        users: res.data
      })
    }).catch(err => {});
  },
})
```

运行效果如图 7.9 所示。

【代码解析】使用拦截器时需要先引入该文件，使用方法与 wx.request 基本相同。我们调用 get 请求后，将返回值赋给 users，再通过 wx:for 将其展示在页面上，网络请求+渲染到屏幕的流程就完成了。

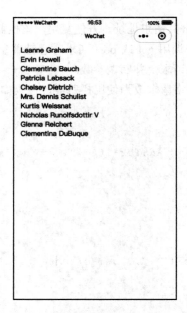

图7.9 拦截器请求结果展示

7.5 小结

本章首先给出快速发起了一个网络请求的例子，对 HTTP、HTTPS 进行了讲解，并指出如何在微信小程序中使用它们，最后在实战练习中开发了一个 HTTP 拦截器。相信读者已经掌握了如何发送网络请求的方法，下一章我们将对本地数据存储进行讲解。

第 8 章

本地数据管理

本章主要包括两个部分：数据缓存和文件管理，本质上都是帮助应用实现本地数据的管理。一个出色的应用，不应该只依赖于网络请求，本地的数据存储同样重要。我们之前在表单验证中也说过，表单验证其实也可以用网络请求让后台来做，但是本地验证可以提高速度和用户体验。数据存储也是同理，把需要复用的数据在本地进行存储，可以免去频繁调用接口的情况，用户体验也会随之提升。具体应用场景方面，记住密码、用户信息、夜间模式等都适合保存在本地。

本章主要涉及的知识点有：

- 数据缓存
- 文件管理

8.1 数据缓存

做过前端开发的读者，一定都用过 localStorage 这一属性，它为本地存储提供了轻量级的增删改查功能。在微信小程序中实现数据缓存用的是 wx.setStorage、wx.getStorage 等，与 localStorage 十分相似。数据的管理不外乎增删改查，接下来我们介绍如何用小程序来实现。

8.1.1 数据的存储

首先讲解数据的存储。

【示例 8-1】

新建一个项目 storage，用于本章的代码展示。清空 index.wxml 和 index.js 的代码，并输入以下代码：

```
// index.wxml
<!--index.wxml-->

<view style="margin: 16px;">小程序表单组件测试</view>

<button
  style="margin-top:15px"
  bindtap="testStorage">数据缓存</button>

<button
  style="margin-top:15px"
  bindtap="testFile">文件管理</button>

// index.js
//index.js

Page({
  data: {

  },
  onLoad: function () {

  },
  testStorage() {
    wx.navigateTo({
      url: '../test-storage/test-storage',
    })
  },
  testFile() {
    wx.navigateTo({
      url: '../test-file/test-file',
    })
  },

})
```

运行代码，首页效果如图 8.1 所示。在接下来的小节里，我们通过点击不同的按钮，进入对应的功能展示中。

图 8.1　首页各功能演示选择列表

新建一个页面 test-storage，用来展示本小节的内容，代码如下：

```
// test-storage.wxml
<view class="title-view">1.数据的存储</view>
<input bindinput="saveInputChange"></input>
<button type="primary" bindtap="setValue">保存数据</button>
<button type="primary" bindtap="setValueSync">同步保存数据</button>

// test-storage.wxss

.title-view {
  margin: 16px;
}

input {
  border: 1rpx solid #dddee1;
  margin: 8px 16px;
  padding: 0px 8px;
  height: 30px;
}

button {
  margin-top: 16px;
}
```

```
// test-storage.js
// pages/test-storage/test-storage.js

Page({
  data: {
    saveValue: ''
  },
  onLoad: function () {

  },
  saveInputChange(e) {
    this.setData({
      saveValue: e.detail.value
    })
  },

  setValue () {
    wx.setStorage({
      key: 'name',
      data: this.data.saveValue,
      success (res) {
        console.log('保存完成')
      }
    })
  },

  setValueSync () {
    wx.setStorageSync('syncName', this.data.saveValue);
  },
})
```

点击"保存数据"按钮,运行效果如图 8.2、图 8.3 所示。

图 8.2　数据存储功能

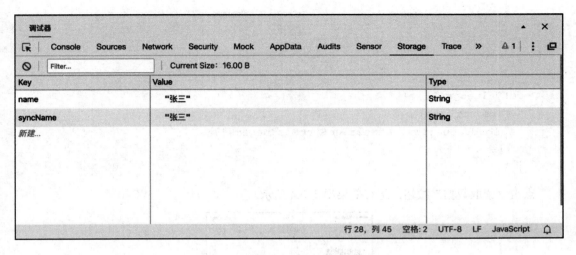

图 8.3　数据成功保存在 Storage 中

【代码解析】我们设置了一个 input 组件，用来输入要保存的内容，之后的两个按钮都用来保存数据。两种保存方式分别是 setStorage 和 setStorageSync。setStorage 需要一个回调 success 才能知道已经完成保存操作，setStorageSync 则可以同步完成，执行完保存方法才执行下一行的代码。所以笔者推荐多使用 wx.setStorageSync 方法。

8.1.2　数据的读取

讲完数据的存储，接下来讲解数据的读取。

【示例 8-2】

直接写代码进行分析，继续编辑 test-storage 页面，代码如下：

```
// test-storage.wxml
...
<view class="title-view">2.数据的读取</view>
<input value="{{loadValue}}" disabled></input>
<button type="primary" bindtap="getValue">读取数据</button>
<button type="primary" bindtap="getValueSync">同步读取数据</button>

// test-storage.js
...
  getValue () {
    var self = this;
    wx.getStorage({
      key: 'name',
      success (res) {
        self.setData({
          loadValue: res.data
        })
```

```
    }
  })
},

getValueSync () {
  this.setData({
    loadValue: wx.getStorageSync('syncName')
  })
}
```

点击"读取数据"按钮,运行效果如图 8.4 所示。

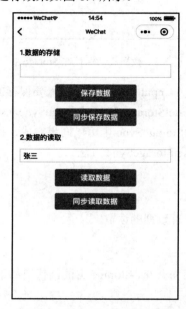

图 8.4　从 Storage 中读取数据

【代码解析】我们设置了一个 disabled 的 input 组件,用来展示读取的内容,之后的两个按钮都用来读取数据。读取方式的方法名与存储的很相似,分别是 getStorage 和 getStorageSync。同样,getStorage 需要在回调 success 中读取数据,而且必须在外层先创建一个 self 指向 this,才能调用 this.setData。getStorageSync 是同步读取,我们直接给变量赋值即可。这里笔者同样推荐使用同步的 wx.getStorageSync 方法。

8.1.3　数据的删除

无用的数据放在 Storage 中会浪费存储空间,所以最后讲解如何删除存储的数据。数据删除简单分为两种:一种是根据 key 值删除指定的内容,另一种是清空所有存储数据。

【示例 8-3】

继续编辑 test-storage 页面,代码如下:

```
// test-storage.wxml
...
<view class="title-view">3.数据的删除</view>
<button type="primary" bindtap="removeValue">删除数据</button>
<button type="primary" bindtap="removeValueSync">同步删除数据</button>
<button type="primary" bindtap="clearValue">清空数据</button>
<button type="primary" bindtap="clearValueSync">同步清空数据</button>

// test-storage.js
...
  removeValue () {
    wx.removeStorage({
      key: 'name',
      success (res) {
        console.log('删除完成')
      }
    })
  },
  removeValueSync () {
    wx.removeStorageSync('syncName')
  },
  clearValue () {
    wx.clearStorage({
      complete: (res) => {
        console.log('清除成功')
      },
    })
  },
  clearValueSync () {
    wx.clearStorageSync();
  }
```

点击"删除数据"按钮，运行效果如图 8.5 所示。

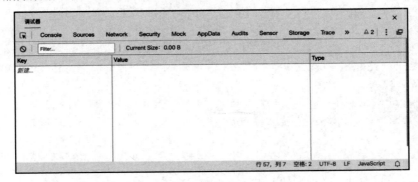

图 8.5 清空 Storage 中的数据

【代码解析】删除数据使用的是 remove、清空数据使用的是 clear。前者指定 key 值，后者全部清空。使用方式依然是需要回调或者直接同步完成。现在增删改查都已经实现，读者可以自行尝试这几个功能，熟悉各种对数据操作的方法。

8.1.4 数据的获取

讲解了数据的增删改查，再来讲讲如何获取存储信息。我们在使用应用时经常可以看到清除缓存功能，那么，缓存大小是如何计算的呢？在小程序中，微信官方提供了一个方法 wx.getStorageInfo，它的自带属性如表 8.1 所示。

表 8.1　wx.getStorageInfo 组件的自带属性

属　　性	类　　型	默 认 值	说　　明
success	function	无	接口调用成功的回调函数
fail	function	无	接口调用失败的回调函数
complete	function	无	接口调用结束的回调函数（调用成功、失败都会执行）

其中，success 回调函数会给我们返回数据，参数如表 8.2 所示。

表 8.2　success 回调函数返回值

属　　性	类　　型	说　　明
keys	Array<string>	当前 storage 中所有的 key
currentSize	number	当前占用的空间大小，单位为 KB
limitSize	number	限制的空间大小，单位为 KB

【示例 8-4】

代码如下：

```
// test-storage.wxml
...
<view class="title-view">4.获取存储信息</view>
<input value="keys：{{info.keys}}" disabled></input>
<input value="已使用空间：{{info.currentSize}}KB" disabled></input>
<input value="最大空间：{{info.limitSize}}KB" disabled></input>
<button type="primary" bindtap="getInfo">读取数据</button>

// test-storage.js
...
  getInfo() {
    this.setData({
      info: wx.getStorageInfoSync()
    })
  }
```

在 Storage 已经存储了数据的情况下，点击"读取数据"按钮，运行效果如图 8.6 所示。

图 8.6 获取 Storage 存储信息

【代码解析】本例中读取数据使用 getStorageInfoSync，将获取到的值赋值在 info 变量上，通过绑定就可以看到存储信息了。可以看到已使用空间为 1KB，模拟器总容量为 10240KB。

8.2 文件管理

在手机应用开发中，不可避免地要接触到图片、语音、文档等各种类型文件。上一节讲解了本地的数据存储，本节来讲一下文件的管理。本节内容主要包括文件保存、信息获取、删除文件、预览文件。

8.2.1 文件的下载

首先讲解文件的下载，完成下载后就可以对文件进行一系列的操作了。

【示例 8-5】

新建一个页面 test-file，用来展示本节的内容，代码如下：

```
// test-file.wxml
<view class="title-view">1.文件下载</view>
<button type="primary" bindtap="downloadFile">下载文件</button>
```

```
// test-file.wxss
.title-view {
  margin: 16px;
}

button {
  margin-top: 16px;
}

// test-file.js
Page({

  /**
   * 页面的初始数据
   */
  data: {
    downFilePath: '',
    url: '',
      fileList: []
  },
  downloadFile() {
    var self = this;
    wx.downloadFile({
      url: 'https://images.pexels.com/photos/1108099/pexels-photo-1108099.jpeg?crop=entropy&cs=srgb&dl=two-yellow-labrador-retriever-puppies-1108099.jpg&fit=crop&fm=jpg&h=480&w=640',
      success(res) {
        console.log(res)
        self.setData({
          downFilePath: res.tempFilePath
        })
      }
    })
  },
})
```

保存代码点击"下载文件"按钮，运行效果如图8.7所示。

【代码解析】下载功能主要通过 wx.downloadFile 方法实现，在 url 参数中填写文件地址即可，返回值中 tempFilePath 就是下载后的地址。

> **提　示**
>
> 读者可自行将 url 替换为其他网络图片路径，注意要在详情中打开不校验合法域名。

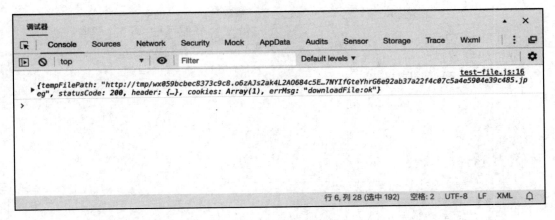

图 8.7　下载完成后控制台输出的返回值

8.2.2　文件的保存

由于微信小程序的机制限制，因此下载完成的文件并未保存。

【示例 8-6】

我们需要使用 wx.saveFile 方法把文件保存到本地才能正常读取，代码如下：

```
// test-file.wxml
...
<view class="title-view">2.文件保存</view>
<button type="primary" bindtap="saveFile">保存文件</button>
<view class="image-view">
  <view class="center-view">预览图</view>
  <image mode="aspectFit" src="{{url}}"></image>
</view>

// test-file.wxss
...
.image-view {
  margin: 16px;
  height: 200px;
  display: flex;
  flex-wrap: wrap;
  justify-content: center;
  border: 1rpx solid #dddee1;
}

image {
  height: 178px;
}
```

```
.center-view {
  width: 100%;
  text-align: center;
}

// test-file.js
...
  saveFile() {
    if (this.data.downFilePath == '') {
      wx.showToast({
        title: '请先下载文件',
      })
      return;
    }
    var self = this;
    wx.saveFile({
      tempFilePath: this.data.downFilePath,
      success(res) {
        console.log(res)
        self.setData({
          url: res.savedFilePath
        })
      }
    })
  }
...
```

这次运行需要先点击"下载文件"按钮并等待下载完成，再点击"保存文件"按钮，运行效果如图 8.8 所示。

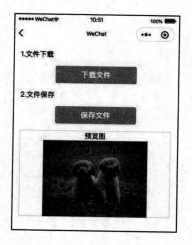

图 8.8　文件保存后展示预览图

【代码解析】下载完成后，无法直接将这个图片文件显示出来。我们需要用 wx.saveFile 方法对其进行保存再展示，其中，savedFilePath 是保存后的路径。

8.2.3 文件的读取

通过前两节的学习，我们已经可以成功地把文件下载并保存到本地了。接下来讲解如何读取本地文件列表和获取文件信息。

【示例 8-7】

代码如下：

```
// test-file.wxml
...
<view class="title-view">3.文件信息读取</view>
<button type="primary" bindtap="getFileList">获取文件列表</button>
<button type="primary" bindtap="getFileInfo">获取文件信息</button>

// test-file.js
...
  getFileList() {
    var self = this;
    wx.getSavedFileList({
      success(res) {
        console.log(res)
        self.setData({
          fileList: res.fileList
        })
      }
    })
  },

  getFileInfo() {
    if (this.data.fileList.length == 0) {
      wx.showToast({
        title: '请先获取文件列表',
      })
      return;
    }
    var self = this;
    wx.getSavedFileInfo({
      filePath: this.data.fileList[0].filePath,
      success(res) {
```

```
      console.log(res)
    }
  })
}
...
```

运行后点击"获取文件列表"和"获取文件信息"按钮,运行效果如图 8.9 所示。

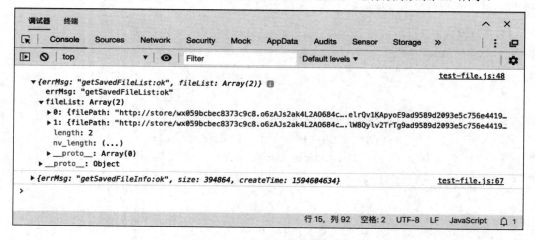

图 8.9　读取本地文件信息

【代码解析】获取文件列表的方法是 getSavedFileList,直接把本地保存的所有文件以数组方式呈现。另外,还有一个获取列表的方法 getFileList,下载后就能获取,但一般我们都会保存到本地,所以该方法并不常用。最后获取文件信息,默认取数组中的第一个文件,可以看到以时间戳显示的创建时间,还有以 KB 为单位的文件大小 size 属性。

8.2.4　文件的删除

现在我们已经可以下载、保存、读取文件了。如果文件存在本地一直不去处理,就会占用越来越多的空间,所以接下来介绍如何删除本地文件。

【示例 8-8】

代码如下:

```
// test-file.wxml
...
<view class="title-view">4.文件删除</view>
<button type="primary" bindtap="deleteFile">删除文件</button>

// test-file.js
...
  deleteFile() {
    if (this.data.fileList.length == 0) {
```

```
    wx.showToast({
      title: '请先获取文件列表',
    })
    return;
  }
  var self = this;
  wx.removeSavedFile({
    filePath: this.data.fileList[0].filePath,
    success(res) {
      console.log(res)
    }
  })
}
...
```

运行后先点击"获取文件列表"按钮,再点击"删除文件"按钮,最后点击"获取文件列表"按钮观察变化,运行效果如图 8.10 所示。

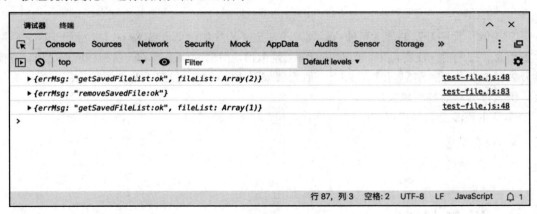

图 8.10 文件删除后的列表变化

【代码解析】想要删除本地文件,首先使用 getSavedFileList 获取文件列表,然后从列表中获取文件路径,调用 wx.removeSavedFile。

8.3 小结

本章介绍了本地缓存和文件管理的使用。在日常开发中,对本地数据的管理十分重要。虽然本章列举的各种方法比较多,实际上都是有规律可循的,比如 removeSavedFile,把它从英文翻译过来就是移除存储的文件。所以说很多方法没有必要死记硬背,理解了其中的含义,自然就记住了。

第 9 章

设备信息与硬件功能

新接触小程序开发的读者可能有疑惑,不知道小程序如何像 iOS、Android 应用一样去获取手机信息、打电话、使用蓝牙。小程序的宿主是微信,微信内部提供了一系列相应的 API,方便读者去获取各种设备信息。这些 API 一般需要权限才能使用,虽然不会像原生应用一样应有尽有,但大部分功能都可以实现。

本章主要涉及的知识点有:

- 设备信息
- 硬件功能

9.1 设备信息

本节主要讲解如何使用小程序提供的 API 去获取设备相关信息,如基本信息、网络状态、电量等。

9.1.1 获取设备信息

获取设备信息 success 返回值的具体属性如表 9.1 所示。

表 9.1 success 返回值属性

属　　性	类　　型	说　　明
brand	string	设备品牌
model	string	设备型号

（续表）

属　　性	类　　型	说　　明
pixelRatio	number	设备像素比
screenWidth	number	屏幕宽度，单位为 px
screenHeight	number	屏幕高度，单位为 px
windowWidth	number	可使用窗口宽度，单位为 px
windowHeight	number	可使用窗口高度，单位为 px
statusBarHeight	number	状态栏的高度，单位为 px
language	string	微信设置的语言
version	string	微信版本号
system	string	操作系统及版本
platform	string	客户端平台
fontSizeSetting	number	用户字体大小（单位为 px）。以微信客户端"我→设置→通用→字体大小"中的设置为准
SDKVersion	string	客户端基础库版本
benchmarkLevel	number	设备性能等级（仅 Android 小游戏）。取值为：–2 或 0（该设备无法运行小游戏），–1（性能未知），>=1（设备性能值，该值越高，设备性能越好，目前最高不到 50）
albumAuthorized	boolean	允许微信使用相册的开关（仅 iOS 有效）
cameraAuthorized	boolean	允许微信使用摄像头的开关
locationAuthorized	boolean	允许微信使用定位的开关
microphoneAuthorized	boolean	允许微信使用麦克风的开关
notificationAuthorized	boolean	允许微信通知的开关
notificationAlertAuthorized	boolean	允许微信通知带有提醒的开关（仅 iOS 有效）
notificationBadgeAuthorized	boolean	允许微信通知带有标记的开关（仅 iOS 有效）
notificationSoundAuthorized	boolean	允许微信通知带有声音的开关（仅 iOS 有效）
bluetoothEnabled	boolean	蓝牙的系统开关
locationEnabled	boolean	地理位置的系统开关
wifiEnabled	boolean	Wi-Fi 的系统开关
safeArea	Object	在竖屏正方向下的安全区域
theme	string	系统当前主题，取值为 light 或 dark，全局配置"darkmode":true 时才能获取，否则为 undefined（不支持小游戏）

【示例 9-1】

新建一个项目 mobile-info，用于本章的代码展示。清空 index.wxml 和 index.js 的代码，并输入以下代码：

```
// index.wxml
<!--index.wxml-->
<view>设备信息与硬件功能</view>
```

```
<button
  style="margin-top:15px"
  bindtap="testSystemInfo">设备信息</button>

<button
  style="margin-top:15px"
  bindtap="testHardwareFunction">硬件功能</button>

//index.js

Page({
  data: {

  },
  onLoad: function () {
  },
  testSystemInfo() {
    wx.navigateTo({
      url: '../test-system-info/test-system-info',
    })
  },
  testHardwareFunction() {
    wx.navigateTo({
      url: '../test-hardware-function/test-hardware-function',
    })
  },
})
```

运行代码，首页效果如图 9.1 所示。在接下来的小节里，我们通过点击不同的按钮进入对应的功能展示中。

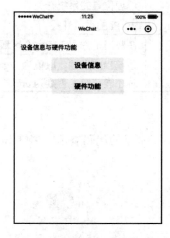

图 9.1　首页各功能演示选择列表

新建一个页面 test-system-info, 用来展示本小节的内容, 代码如下:

```
// test-system-info.wxml
<view>1.设备信息</view>
<button type="primary" bindtap="getSystemInfo">获取设备信息</button>

// test-system-info.wxss
view {
  margin-top: 16px;
  margin-left: 16px;
}

button {
  margin-top: 16px;
}

// test-system-info.js
// pages/test-system-info/test-system-info.js
Page({

  /**
   * 页面的初始数据
   */
  data: {
    systemInfo: {}
  },

  getSystemInfo() {
    wx.getSystemInfo({
      success: (result) => {
        console.log(result)
        this.setData({
          systemInfo: result
        })
      },
    })
  }
})
```

运行效果如图 9.2 所示。

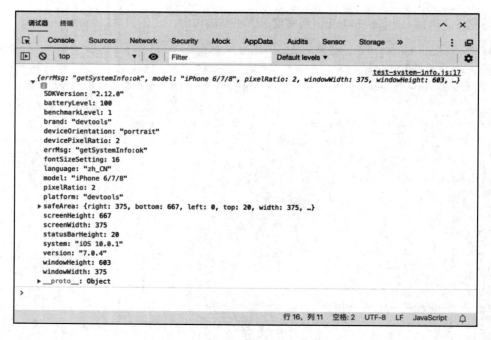

图 9.2 控制台输出设备信息

【代码解析】获取设备信息只需要调用 wx.getSystemInfo 方法即可。可以看到这次在 success 的回调中使用了箭头函数,所以在里面调用 setData 方法时,可以直接使用 this。log 里面的返回值和表 9.1 一一对应即可。

9.1.2 网络状态

本小节讲一下网络状态。

【示例 9-2】

继续编辑 test-system-info 页面,代码如下:

```
// test-system-info.wxml
<view>2.网络状态</view>
<input value="{{netWorkType}}" disabled></input>
<button type="primary" bindtap="getNetworkStatus">获取网络状态</button>
<button type="primary" bindtap="networkStatusChanges">监听网络状态</button>

// test-system-info.wxss
input {
  border: 1rpx solid #dddee1;
  margin: 8px 16px;
  padding: 0px 8px;
  height: 30px;
```

```
}

// test-system-info.js
...
  data: {
    systemInfo: {},
    netWorkType: ''
  },
...
  getNetworkStatus() {
    wx.getNetworkType({
      success: (result) => {
        console.log(result)
        this.setData({
          netWorkType: result.networkType
        })
      },
    })
  },
  networkStatusChanges() {
    wx.onNetworkStatusChange((result) => {
      console.log(result)
      this.setData({
        netWorkType: result.networkType
      })
    })
  }
...
```

运行效果如图 9.3 所示。

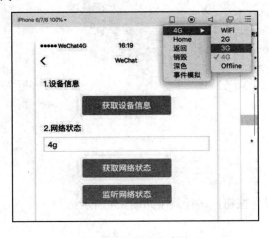

图 9.3　网络状态变化

【代码解析】本例创造了两个按钮，"获取网络状态"是直接获取当前的网络类型，"监听网络状态"会自动监控网络状态的变化。比如在图 9.3 所示的界面中，我们切换成 3G、4G 等选项，就可以使网络状态发生变化，并把结果赋值在 input 当中。

9.1.3 设备电量

本小节讲一讲设备电量。

【示例 9-3】

继续编辑 test-system-info 页面，代码如下：

```
// test-system-info.wxml
<view>3.设备电量</view>
<button type="primary" bindtap="getBattery">获取设备电量</button>
<view>
  <text>
    设备电量：{{batteryInfo.level}}
    是否在充电中：{{batteryInfo.isCharging}}
  </text>
</view>

// test-system-info.js
...
  data: {
    systemInfo: {},
    netWorkType: '',
    batteryInfo: {}
  },
...
  getBattery() {
    wx.getBatteryInfo({
      success: (result) => {
        console.log(result)
        this.setData({
          batteryInfo: result
        })
      },
    })
  }
...
```

点击"获取设备电量"按钮，运行效果如图 9.4 所示。

第 9 章　设备信息与硬件功能 | 161

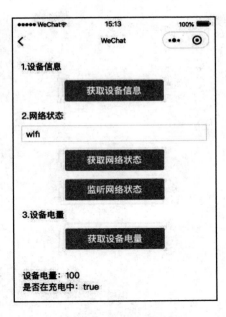

图 9.4　获取设备电量与充电状态

【代码解析】获取设备电量十分简单，调用 wx.getBatteryInfo 方法即可。之后返回值中的 level 代表电量，isCharging 代表是否在充电中。

9.2　硬件功能

在手机端中，硬件功能十分丰富，比如拍照、蓝牙、打电话、NFC 等。如果我们做的应用只是一些界面和网络请求，就会显得十分空洞，所以学会如何调用硬件功能是必不可少的。

9.2.1　拨打电话

在手机上拨打电话可以说是最基本的功能，本小节讲解如何在小程序中调用设备功能来拨打电话。

【示例 9-4】

新建一个页面 test-hardware-function，代码如下：

```
// test-hardware-function.wxml
<!--pages/test-hardware-function/test-hardware-function.wxml-->

<view>1.拨打电话</view>
<input placeholder="请输入电话号码" bindinput="phoneChange"></input>
<button type="primary" bindtap="callPhone">拨打电话</button>
```

```css
// test-hardware-function.wxss
view {
  margin-top: 16px;
  margin-left: 16px;
}

button {
  margin-top: 16px;
}

input {
  border: 1rpx solid #dddee1;
  margin: 8px 16px;
  padding: 0px 8px;
  height: 30px;
}
```

```javascript
// test-hardware-function.js
// pages/test-hardware-function/test-hardware-function.js
Page({

  /**
   * 页面的初始数据
   */
  data: {
    phoneNumber: ''
  },
  phoneChange(e) {
    this.setData({
      phoneNumber: e.detail.value
    })
  },
  callPhone() {
    if (this.data.phoneNumber == '') {
      wx.showToast({
        title: '请输入电话号码',
        icon: 'none'
      })
      return;
    }
    wx.makePhoneCall({
```

```
      phoneNumber: this.data.phoneNumber
    })
  }
})
```

在 input 框中输入要拨打的手机号,点击"拨打电话"按钮,运行效果如图 9.5 所示。

图 9.5 拨打电话功能

【代码解析】拨打电话功能只需要调用 wx.makePhoneCall 并传入电话号即可。如果 input 中不填写任何号码,则提示"请输入电话号码"。

9.2.2 扫码

在移动支付普及的今天,用户越来越习惯扫描二维码,所以大多数应用都会设计"扫一扫"功能。

【示例 9-5】

继续编辑 test-hardware-function 页面,代码如下:

```
// test-hardware-function.wxml
...
<view>2.扫描二维码</view>
<button type="primary" bindtap="scanQrcode">扫码</button>


// test-hardware-function.js
...
  scanQrcode() {
    wx.scanCode({
```

```
      success: (res) => {
        console.log(res)
      }
    })
  }
...
```

扫描图 9.6 中的二维码，运行效果如图 9.7 所示。

图 9.6　示例二维码

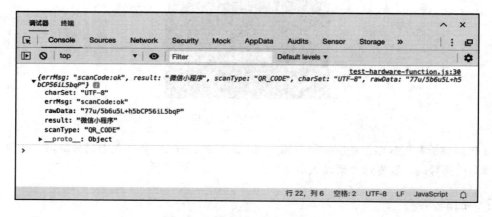

图 9.7　扫描示例二维码后的结果

【代码解析】扫描二维码功能直接调用 wx.scanCode 即可。该扫码同时支持相机与相册两种扫码模式。返回值中的 result 就是从二维码中读出来的数据。

9.2.3　剪贴板

有的应用在设计分享功能时会读取用户剪贴板内容来实现跳转相应链接，比如淘宝、天猫。在微信小程序中，也可以对设备剪贴板的内容进行读取。

【示例 9-6】

我们分别演示设置和读取剪贴板，继续编辑 test-hardware-function 页面，代码如下：

```
// test-hardware-function.wxml
...
<view>3.剪贴板</view>
```

```html
<input placeholder="请输入剪贴板内容" bindinput="clipboardChange"></input>
<button type="primary" bindtap="setClipboardInfo">设置剪贴板内容</button>
<view>当前剪贴板内容：{{clipboardInfo}}</view>
<button type="primary" bindtap="getClipboardInfo">读取剪贴板内容</button>
```

```js
// test-hardware-function.js
...
  data: {
   phoneNumber: '',
   clipboardValue: '',
   clipboardInfo: ''
  }
...
  clipboardChange(e) {
   this.setData({
     clipboardValue: e.detail.value
   })
  },
  setClipboardInfo() {
   wx.setClipboardData({
     data: this.data.clipboardValue,
   })
  },
  getClipboardInfo() {
   wx.getClipboardData({
     success: (option) => {
       this.setData({
         clipboardInfo: option.data
       })
     },
   })
  }
...
```

首先输入要设置的内容，点击"设置剪贴板内容"按钮，然后点击"读取剪贴板内容"按钮，运行效果如图9.8所示。

【代码解析】 本示例代码量稍微多一些。首先通过clipboardChange来控制用户输入的内容，并赋值给clipboardValue。点击"设置剪贴板内容"按钮，调用wx.setClipboardData完成设置。最后点击"读取剪贴板内容"按钮，调用wx.getClipboardData并把返回值赋给clipboardInfo。最后读取到的内容就可以显示出来了。

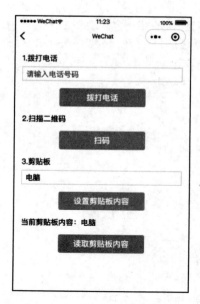

图 9.8　设置、读取剪贴板内容

9.2.4　震动

在 App 开发设计中，震动功能通常用于提升用户交互体验，比如错误、点击开关时进行震动等。微信小程序中的震动分为短震动和长震动，经过笔者测试，短震动适合用于按键反馈，长震动会持续 4 秒，适合用于报警、提醒类功能。由于震动功能无法用图片展示，因此这里只进行代码讲解。

【示例 9-7】

编辑 test-hardware-function 页面，代码如下：

```
// test-hardware-function.wxml
...
<view>4.震动</view>
<button type="primary" bindtap="shortVibrate">短震动</button>
<button type="primary" bindtap="longVibrate">长震动</button>

// test-hardware-function.js
...
  shortVibrate() {
    wx.vibrateShort({
      success: (res) => {
        console.log('短震动成功')
      },
    })
  },
  longVibrate() {
```

```
    wx.vibrateLong({
      success: (res) => {
        console.log('长震动成功')
      },
    })
  }
...
```

【代码解析】长、短震动的方法比较像,分别以 long 和 short 结尾。在模拟器上运行,只能看到屏幕进行了晃动,所以还是推荐在手机上测试具体效果。点击编辑区上浮的预览,用微信扫描二维码即可。

9.3 小结

通过本章的学习,相信读者已经初步掌握了小程序调用设备信息与硬件功能。本章的内容并不难,直接调用微信现成的 API 就可以实现相应的功能。这些功能在开发中还是十分重要的,毕竟扫码、打电话、震动等功能都会经常用到。下一章将介绍如何安装与搭建后端服务器环境,为后续的实战项目做准备。

第 10 章

后台模拟环境搭建

一个完整的应用不可避免地要与后端服务保持数据交互，本章将通过介绍如何使用 Postman 等工具来完善我们的开发流程。最后为了避免后端相关的知识增加读者的理解负担，我们尽量使用较为简单的方式来进行，这里将使用 json-server 来模拟后端服务。

本章主要涉及的知识点有：

- 前后端分离
- Postman 的安装与使用
- json-server 的安装与使用
- 实战练习：使用 json-server 实现增删改查

10.1 前后端分离

除了一些工具类的单机应用外，大多数完整的应用离不开与后端的交互，所以我们简单谈一谈前后端为什么分离。

以前，开发人员前端、后端都要做，导致职责不清晰，而且学的过于广，无法专精一个方向。后来慢慢就提出了前后端分离这个概念，让不同的开发人员各司其职。从图 10.1 可以看出，前端负责 View 和 Controller 层，用于页面的展示等，后端负责 Model 层、业务处理和数据等。

前后端分离，一般初级前端工程师对后端知识接触的不多，所以本章选择 json-server 进行后端数据模拟。

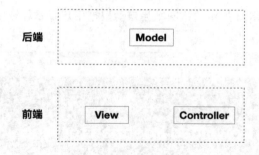

图 10.1　前后端分离

10.2　Postman 的安装与使用

我们使用小程序开发的应用与后端服务器的交互将主要通过调用后端服务器提供的 Restful 风格的 API 完成。测试验证后端服务器 API 有效性的需求催生了像 Postman 这样的浏览器插件工具在开发人员中的流行。

按照官方网站的口号，Postman 是专门用于帮助开发人员更快开发 API 的。具体来说，Postman 允许用户发送任何类型的 HTTP 请求，包括 Restful API 使用到的 GET、POST、HEAD、PUT、DELETE 等，并且可以由开发人员方便地任意定制参数和 HTTP 头（Headers）。此外，Postman 的输出是自动按照语法格式高亮并给出语法解析结果的，目前它支持的常见语法包括 HTML、JSON 和 XML。

10.2.1　Postman 的安装

登录官方网站（https://www.getpostman.com），找到安装入口，如图 10.2 所示。

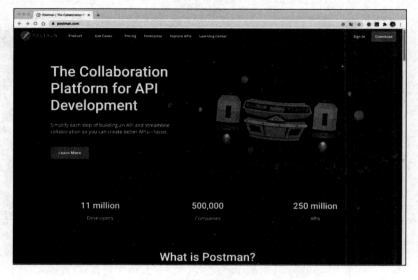

图 10.2　Postman 官方网站

随后直接点击 Get Started 按钮，该网站会自动根据用户开发环境所在的操作系统进入相应链接的下载页面，如图 10.3 所示。

图 10.3　Postman 安装与启动

作为开发人员，打开 Postman 后基本就可以根据界面上的元素直观地找到输入 HTTP 请求 URL 的输入框，如图 10.4 所示。

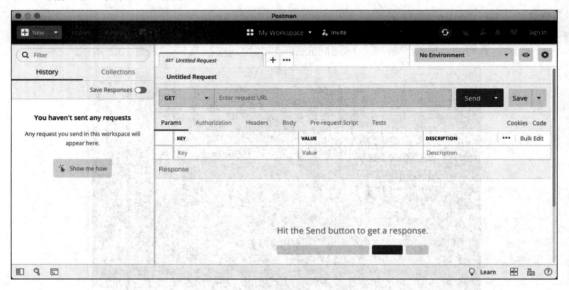

图 10.4　Postman 启动界面

10.2.2 Postman 的使用

作为简单示例，这里给大家推荐一个 JSON 测试网站，我们就用它的 API（http://jsonplaceholder.typicode.com/comments?postId=1）来进行测试，如图 10.5 所示。

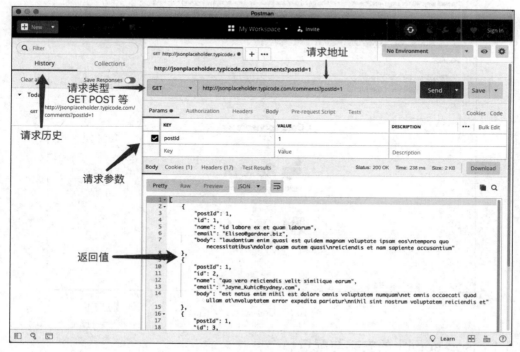

图 10.5　Postman 返回的 JSON 对象

需要经常使用的一些定制 HTTP 请求的配置选项，如 HTTP Method、HTTP 参数和验证方式，请参见图 10.5 中的注解。从中可以看到，该请求最后返回了来自 jsonplaceholder 的参数。

在确认 Postman 能正常工作后，下一节将安装 json-server，并使用它开发一个不连接数据库的简单数据维护 API，随即使用 Postman 测试该 API。

10.3　json-server 的安装与使用

json-server 是一个开源的框架，可以在不写任何代码的情况下实现 Rest API，是前端开发人员模拟后端服务的优秀工具之一。该框架在 Github 中的 Star 已经有 38000 余个，可以说是相当受欢迎的，如图 10.6 所示。

如果在使用 json-server 的过程中有什么问题或者建议，可以到 https://github.com/typicode/json-server 发起 Issue 和 Pull Request，为开源事业贡献一份力量。下面开始讲解如何安装和使用它。

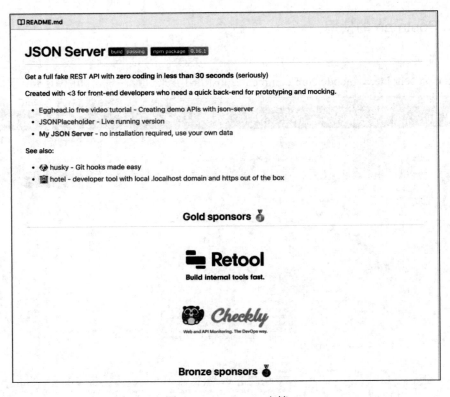

图 10.6 json-server 文档

10.3.1 json-server 的安装与配置

安装方式依然是通过命令行进行的，输入以下代码进行 json-server 的安装。失败的话，Windows 用户使用管理员身份打开命令行，MAC 用户加上 sudo，效果如图 10.7 所示。

```
npm install -g json-server
```

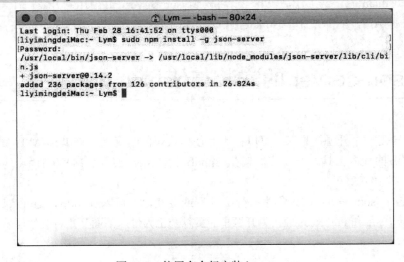

图 10.7 使用命令行安装 json-server

安装成功后,我们需要对 json-server 的配置参数进行详细了解。作为一个模拟 Rest API 的工具,了解配置参数有助于我们更加高效地使用这个工具,否则只按照默认配置来进行很可能有一些方便的属性没有了解到。

json-server 的参数(见表 10.1)使用方式很简单,在命令行中按照以下格式输入参数即可。

```
json-server [options] <source>
```

表 10.1　json-server 全配置参数

参　数	简　称	说　明	默　认　值
--config	-c	指定配置文件	json-server.json
--port	-p	设置端口	3000
--host	-H	设置域	0.0.0.0
--watch	-w	是否监听	false
--routes	-r	指定自定义路由	
--middlewares	-m	指定中间件文件路径	
--static	-s	设置静态文件目录	
--read-only	--ro	是否只读(只用 GET)	false
--no-cors	--nc	是否禁用跨域	false
--no-gzip	--ng	是否禁用 GZIP 内容编码	false
--snapshots	-S	设置预览目录	.
--delay	-d	设置请求延迟时间	0
--id	-i	设置数据库 ID 属性	id
--foreignKeySuffix	--fks	设置外键后缀	
--quiet	-q	禁止输出日志	false
--help	-h	查看帮助信息	
--version	-v	查看版本号	

接下来对其中几个常用的配置项进行测试。比如一开始运行的时候,域名默认为 3000,如果这个端口被占用了,想换一个自定义的,输入以下代码即可实现。效果如图 10.8 所示。

```
json-server --port 8100 data.json
```

图 10.8　使用配置参数替换端口

再举一个例子，在使用 json-server 的过程中，我们对源文件 data.json 进行修改后，它不会立即生效，需要重启才可以。如果加上监听参数，它就会监听你的文件，如果内容出现变化，json-server 就会自动重新加载，这时马上就能请求到最新的接口内容。输入以下代码即可实现。

```
json-server --watch --port 8100 data.json
```

这次输入的配置参数是直接在--port 的前面增加了--watch。从这里我们可以看出，如果想一次加载多个配置参数，只需要增加一个空格直接配置即可。

10.3.2　第一个 json-server 程序

首先还是以快速实现一个最简单的程序入手，之后再一步步讲它是如何实现的。在命令行执行以下命令：

```
json-server data.json
```

如果在命令行中输出了以下内容，则说明运行成功了。

```
\{^_^}/ hi!

Loading data.json
Done

Resources
http://localhost:3000/posts
http://localhost:3000/comments
http://localhost:3000/profile

Home
http://localhost:3000

Type s + enter at any time to create a snapshot of the database
Watching...
```

首先打开 http://localhost:3000，可以看到一个引导页，如图 10.9 所示。

分析这个页面的内容。顶部是 JSON Server 的名称，下面一段是祝贺成功运行的文字。Resources 是重点，点击上面的/posts、/comments、/profile 都可以看到对应的数据。1x 说明这个数据是数组类型，里面有一个元素。object 说明是一个对象类型。Documentation 部分放上了官方的说明文档地址。底部用文字说明可以创建一个 index.html 来替换这个页面。

接下来使用 Postman 测试它生成的接口是否可以正常使用。打开 Postman 并输入 http://localhost:3000/posts，点击 Send 按钮查看结果。效果如图 10.10 所示。

我们已经能通过 Postman 调用接口了，说明使用小程序也可以调用这个接口。只能做到查询的话，还不够我们在实战项目中的使用，至少要做到增删改查。下一节将通过一个实战练习全面掌握增删改查的方法。

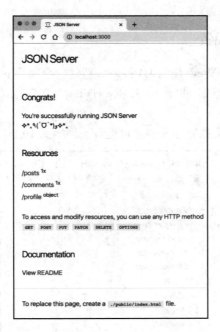

图 10.9　json-server 引导页

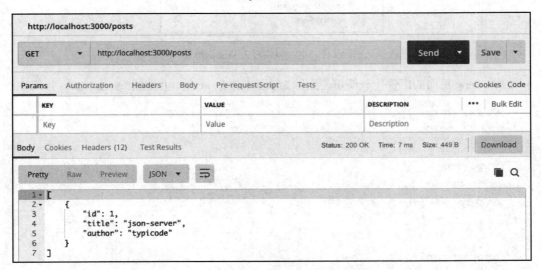

图 10.10　使用 Postman 请求 json-server 接口

10.4　实战练习：使用 json-server 实现增删改查

相较于长篇幅的文档，使用实例的方式更容易掌握知识点，对于工具类的学习更是如此。本节将使用 json-server 实现增删改查，并和小程序应用进行调用，构建出一个小而全的应用。

10.4.1 项目的建立与配置

本次的项目我们将导入 iView 作为 UI 控件。新建一个项目 json-server-test，用于本节内容的展示。清空 index 页面的代码，并导入 UI 框架 iView（下载地址为 https://weapp.iviewui.com/components/button）。

在完成下载后，将 dist 文件夹导入到项目根目录，如图 10.11 所示。

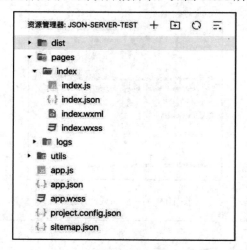

图 10.11　在项目中导入 iView 框架

使用 iView 里面的组件十分简单，删除 app.json 中的 style，并编辑 index.json，代码如下：

```
// app.json
"style": "v2",

// app.wxss
page {
  background-color: #f7f7f7;
}

// index.json
{
  "usingComponents": {
    "i-button": "/dist/button/index",
    "i-modal": "/dist/modal/index"
  }
}
```

如果想要使用 i-button 和 i-modal 组件，通过路径导入即可。现在新建一个文件夹 server，并输入以下指令启动 json-server：

```
json-server --watch data.json
```

编辑 data.json 文件，输入以下内容：

```json
// data.json
{
  "users": [
    {
      "id": 1,
      "name": "张三",
      "age": 18,
      "address": "北京市朝阳区"
    },
    {
      "id": 2,
      "name": "李四",
      "age": 20,
      "address": "天津市西青区"
    }
  ]
}
```

最后说明为什么不把 data.json 放在小程序项目目录下。在调用接口时，会对 data.json 文件进行修改，如果放在项目目录下，微信开发工具会自动检测文件变化，并刷新整个页面。现在我们的准备工作已经完成，在后面的小节中会分别实现增删改查功能。

10.4.2 数据的查询与删除

为了方便展示增删改查的功能，我们将构建一个列表来直观地展示数据的操作。在开发之前，请先把本地设置的不校验域名打开，否则无法使用 json-server 测试。如果需要使用真机测试，可以把 localhost 修改为电脑的 IP 地址。由于篇幅较长，因此把页面分为两段进行讲解，先编写 index.wxml 与 index.wxss。

```
// index.wxml
<i-button bind:click="addPeople" type="primary">添加人员</i-button>

<view class="list-view" wx:for="{{listData}}" wx:for-item="item" wx:key="id">
  <view class="left-view">
    <text>姓名：{{item.name}}<text class="gray-text">\n 年龄：{{item.age}}\n 地址：{{item.address}}</text></text>
  </view>
  <view class="right-view">
    <i-button inline bind:click="edit" type="primary" data-item="{{item}}">编辑</i-button>
```

```
        <i-button inline bind:click="delete" type="error" data-item="{{item}}">
删除</i-button>
    </view>
  </view>

  <i-modal title="删除确认" visible="{{deleteVisible}}"
actions="{{deleteActions}}" bind:click="deleteItem">
    <view>删除后无法恢复哦</view>
  </i-modal>

// index.wxss
.list-view {
  display: flex;
  margin: 8px;
  padding: 16px;
  justify-content: space-between;
  border: 1rpx solid #dddee1;
  border-radius: 5px;
  background-color: white;
}

.left-view {
  width: auto;
}

.right-view {
  width: 150px;
  display: flex;
}

.gray-text {
  font-size: 14px;
  color: gray;
}
```

从代码上来看，页面顶部是一个按钮，用来添加人员。下面是列表，用于用户展示。最底部的则是弹窗代码，通过 deleteVisible 控制是否显示。接下来编写 index.js 的代码。

```
// index.js
Page({
  data: {
    listData: [],
    currentUserId: '',
    deleteVisible: false,
```

```
      deleteActions: [{
        name: '取消'
      }, {
        name: '删除',
        color: '#ed3f14',
        loading: false
      }]
    },
    onShow: function () {
      this.getUsersList()
    },
    // 获取用户列表
    getUsersList() {
      wx.request({
        url: 'http://localhost:3000/users',
        success: (res) => {
          this.setData({
            listData: res.data
          })
        }
      })
    },
    // 新增
    addPeople() {

    },
    // 编辑
    edit(data) {
      console.log(data)
    },
    // 删除
    delete(data) {
      this.setData({
        currentUserId: data.currentTarget.dataset.item.id,
        deleteVisible: true
      });

    },
    deleteItem({ detail }) {
      const index = detail.index;
      this.setData({
        deleteVisible: false
      })
```

```
      if (index == 1) {
        wx.request({
          method: 'DELETE',
          url: 'http://localhost:3000/users/' + this.data.currentUserId,
          success: (res) => {
            wx.showToast({
              title: '删除成功',
            })
            this.getUsersList();
          }
        })
      }

    }
  })
```

【代码解析】页面中通过 getListData 方法获取列表数据，在 delete 中通过弹窗提示调用接口删除数据，最后重新获取一次列表。需要注意的是，查询方法需要使用 GET 请求，删除需要使用 DELETE 请求。细心的读者会发现，新增和编辑的方法还没有编写。因为我们要给新增、编辑页单独制作一个弹窗，所以这个放到最后实现。

最后，在 data.json 中创造一些模拟数据，就可以看到列表的内容了，效果如图 10.12、图 10.13 所示。

图 10.12　使用接口查询数据

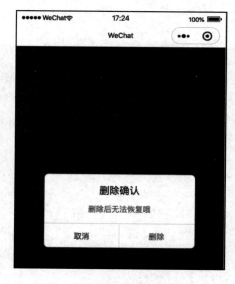

图 10.13　使用接口删除数据

10.4.3　数据的新增与编辑

在上一小节中，我们知道了查询和删除的 HTTP 分别为 GET 和 DELETE，那么新增和编辑就不难猜了，它们两个的方法是 POST 和 PUT。增删改查正好对应了最常用的 4 个请求方法。

在日常开发中，不一定是这 4 个方法分别对应增删改查。由于这个工具是操作本地的 json 文件，为了方便和易于使用，因此固定设置为这样。接下来新建页面 edit-people，并编辑 index.js 设置页面跳转。

```js
// index.js
  // 新增
  addPeople() {
    wx.navigateTo({
      url: '../edit-people/edit-people',
    })
  },
  // 编辑
  edit(data) {
    const item = data.currentTarget.dataset.item
    wx.navigateTo({
      url: '../edit-people/edit-people?item=' + JSON.stringify(item)
    })
  }
```

【代码解析】新增和编辑用的都是同一个表单页，唯一的区别是编辑页需要把当前选项的数据传输过去。由于无法直接传对象类型，因此我们需要使用 JSON.stringify 进行转换。

接下来编写 edit-people 页面，制作新增与编辑功能。

```json
// edit-people.json
{
  "usingComponents": {
    "i-panel": "/dist/panel/index",
    "i-input": "/dist/input/index",
    "i-button": "/dist/button/index"
  }
}
```

```xml
// edit-people.wxml
<i-panel title="人员信息">
  <i-input
    right
    title="姓名"
    value="{{item.name}}"
    placeholder="请输入姓名"
    bind:change="changeName" />
  <i-input
    right
    title="年龄"
    type="number"
```

```
      value="{{item.age}}"
      placeholder="请输入年龄"
      bind:change="changeAge" />
    <i-input
      right
      title="地址"
      value="{{item.address}}"
      placeholder="请输入地址"
      bind:change="changeAddress" />
</i-panel>
<i-button bind:click="submit" type="primary">提交</i-button>
// edit-people.js
Page({
  data: {
    item: {}
  },
  onLoad: function (options) {
    if (options.item) {
      this.setData({
        item: JSON.parse(options.item)
      })
    }
  },
  changeName(e) {
    this.setData({
      'item.name': e.detail.detail.value
    })
  },
  changeAge(e) {
    this.setData({
      'item.age': e.detail.detail.value
    })
  },
  changeAddress(e) {
    this.setData({
      'item.address': e.detail.detail.value
    })
  },
  submit() {
    if (this.data.item.id) {
      wx.request({
        method: "PUT",
```

```
      url: 'http://localhost:3000/users/' + this.data.item.id,
      data: this.data.item,
      success: (res) => {
        wx.showToast({
          title: '编辑成功'
        })
        setTimeout(() => {
          wx.navigateBack()
        }, 2000)
      }
    })
  } else {
    wx.request({
      method: "POST",
      url: 'http://localhost:3000/users',
      data: this.data.item,
      success: (res) => {
        wx.showToast({
          title: '添加成功'
        })
        setTimeout(() => {
          wx.navigateBack()
        }, 2000)
      }
    })
  }
 }
})
```

运行效果如图 10.14 所示。

图 10.14　使用接口新增/编辑数据

【代码解析】 这部分的代码比较长,从头开始一点点分析。首先 J 文件中导入了表单相关的组件。进入页面时,如果是编辑操作,则把传入的值赋给 item。表单里的内容是 3 个 input,将 3 个 input 与 item 对应的值互相绑定,其中年龄需要设置为 number 类型。提交时也区分编辑与新增,编辑使用 PUT 请求,新增使用 POST 请求。操作完成后,弹出操作成功的提示框,并在两秒后回退页面。在新增/编辑成功后,我们同样可以看到 data.json 文件的变动。

10.5 小结

本章从前后端分离开始讲起,之后介绍了两种实用的开发工具——Postman 与 json-server,为后面章节部分的使用做准备,最后制作了一个人员增删改查的实战项目,帮助读者熟悉 json-server 的使用。如果在后面的实战章节中对模拟后台和 Postman 的使用存在疑问,可以回来复习一下本章的相关内容。

第 11 章

项目实战 1：抽签应用

完成学习前面章节的微信小程序开发必备的基础知识，从本章开始就可以进入完整的应用开发了。很多大型的应用主要通过 App 来实现，微信小程序的定义则主要是工具类的应用，宗旨是做到即用即走。抽签应用完全符合这一特性，所以本章将实现一个抽签类型的小程序。

本章主要涉及的知识点有：

- UI 组件的使用
- 表单的使用
- 本地存储

11.1 项目起步

本节开始设计抽签项目所需要包含的功能。在平时遇到难以决定的事情时，可以使用小程序进行抽签。该抽签应用包括以下功能。

- 增加抽签项及其内容项
- 删除抽签项及其内容项
- 抽签
- 本地存储
- 输入校验
- 用户交互提示

接下来新建一个项目 draw 作为本章的项目。导入 UI 框架 iView，并在根目录新建文件夹 images。项目中所需要用到的图片可以直接从示例代码中获取。目录如图 11.1 所示。

图 11.1 项目目录

将 app.js 清空,删除 index 和 logs 页面,新建 home、mine、edit-item、draw-view 页面,最后在 app.json、app.wxss 中输入以下代码:

```
// app.json
...
  "tabBar": {
    "selectedColor": "#2C8BEF",
    "list": [
      {
        "selectedIconPath": "images/home-2.png",
        "iconPath": "images/home.png",
        "pagePath": "pages/home/home",
        "text": "首页"
      },
      {
        "selectedIconPath": "images/mine-2.png",
        "iconPath": "images/mine.png",
        "pagePath": "pages/mine/mine",
        "text": "我的"
      }
    ]
  },
...

// app.wxss
page {
  background-color: #EFEFEF;
}
```

运行效果如图 11.2 所示。

图 11.2　首页效果

【代码解析】一个带底部导航栏的首页已经完成。导航栏的内容主要是通过 tabBar 参数来实现的。

> 注　意
>
> 应把 app.json 中的 v2 删除，否则 UI 框架可能会运行出错。

11.2　项目开发

准备工作完成后，正式进入编码阶段。

11.2.1　首页开发

打开 home 页面，输入以下代码：

```
// home.json
{
  "navigationBarTitleText": "首页",
  "usingComponents": {
    "i-button": "/dist/button/index",
    "i-cell-group": "/dist/cell-group/index",
    "i-cell": "/dist/cell/index",
```

```
    "i-modal": "/dist/modal/index"
  }
}

// home.wxml
<i-button type="primary" bind:click="addItem">添加选项</i-button>

<i-cell-group>
  <i-cell
    wx:for="{{listData}}"
    wx:for-item="item"
    wx:key="item"
    data-item="{{item}}"
    title="{{item}}"
    bindtap="draw"
    bindlongpress="delete"
    is-link></i-cell>
</i-cell-group>

<i-modal title="删除确认" visible="{{ visible }}" actions="{{ actions }}" bind:click="realDelete">
    <view>删除后无法恢复哦</view>
</i-modal>

// home.js
// pages/home/home.js

Page({
  data: {
    listData: [],
    currentItem: '',
    actions: [{
        name: '取消'
      },
      {
        name: '删除',
        color: '#ed3f14',
        loading: false
      }
    ],
    visible: false
  },
```

```js
onShow: function () {
  this.setData({
    listData: wx.getStorageSync('homeList')
  })
},
// 添加选项
addItem() {
  wx.navigateTo({
    url: '../edit-item/edit-item',
  })
},
// 进入抽签页
draw(e) {
  wx.navigateTo({
    url: '../draw-view/draw-view?item=' + e.currentTarget.dataset.item,
  })
},
// 删除子选项弹窗
delete(e) {
  console.log(e)
  this.setData({
    visible: true,
    currentItem: e.currentTarget.dataset.item
  });

},
// 删除子选项
realDelete({detail}) {
  if (detail.index === 1) {
    var newArray = [];
    for (const item of this.data.listData) {
      if (item != this.data.currentItem) {
        newArray.push(item);
      }
    }
    this.setData({
      listData: newArray
    })
    wx.setStorageSync('homeList', this.data.listData)
    wx.removeStorageSync(this.data.currentItem)
    wx.showToast({
      title: '删除成功',
    })
```

```
    }
    this.setData({
      visible: false
    });
  }
})
```

【代码解析】首先在 home.json 中导入需要用到的 UI 组件。在页面结构上，顶部是一个添加选项按钮，并通过 wxfor 来显示选项，最后的 i-modal 是弹窗组件，通过 visible 控制。在页面跳转方面，edit-item 是添加选项页，draw-view 是抽签页。删除功能通过覆盖 homeList 的选项来实现，删除成功后，要循环删除子选项。

11.2.2 新增页面开发

由于还没有开发添加选项页，因此放效果图之前需要先开发一个添加选项页面。在 edit-item 页面中输入以下代码：

```
// edit-item.json
{
  "navigationBarTitleText": "选项",
  "usingComponents": {
    "i-panel": "/dist/panel/index",
    "i-input": "/dist/input/index",
    "i-button": "/dist/button/index"
  }
}

// edit-item.wxml
<i-panel title="{{title}}">
  <i-input
    value="{{itemName}}"
    placeholder="请输入选项"
    bind:change="changeItem" />
</i-panel>

<i-button bind:click="submit" type="primary">提交</i-button>

// edit-item.js
// pages/edit-item/edit-item.js
Page({
  data: {
    title: '添加选项',
    saveKey: 'homeList',
    itemName: ''
```

```
  },
  onLoad: function (options) {
    if (options.item) {
      this.setData({
        title: '添加 "' + options.item + '" 的子选项',
        saveKey: options.item
      })
    }
  },
  changeItem(e) {
    this.setData({
      itemName: e.detail.detail.value
    })
  },
  // 提交
  submit() {
    if (this.data.itemName.length === 0) {
      wx.showToast({
        title: '内容过短',
        icon: 'none'
      })
    } else if (this.data.itemName.length > 10) {
      wx.showToast({
        title: '内容过长',
        icon: 'none'
      })
    } else {
      var items;
      var key = this.data.saveKey;
      if (wx.getStorageSync(key)) {
        items = wx.getStorageSync(key);
        for (const key of items) {
          if (key == this.data.itemName) {
            wx.showToast({
              title: '已存在',
              icon: 'none'
            })
            return;
          }
        }
      } else {
        items = [];
      }
```

```
      items.push(this.data.itemName);
      wx.setStorageSync(key, items);
      wx.showToast({
        title: '保存成功',
      })
      setTimeout(() => {
        wx.navigateBack()
      }, 1000)
    }
  }
})
```

添加选项页的运行效果如图 11.3 所示。

【代码解析】新增选项页面之后需要与新增子选项复用，所以我们编写代码的时候要兼顾两者。同样先在 JSON 文件中导入用到的 UI 组件。表单上只有一个 input 需要输入，提交的时候判断是否为空、是否过长即可。如果是首页选项，就保存在 homeList 中，子选项则以首页选项的名字为 key 保存。添加完成后，首页如图 11.4 所示。

图 11.3　添加选项页

图 11.4　首页效果

11.2.3　抽签页面开发

现在首页已经有了选项，并且可以通过新增页来增加。此时可以开发抽签页，列出子选项，用于抽签。打开 draw-view 页面，输入以下代码：

```
// draw-view.json
{
  "navigationBarTitleText": "抽签",
  "usingComponents": {
    "i-button": "/dist/button/index",
    "i-cell-group": "/dist/cell-group/index",
    "i-cell": "/dist/cell/index",
    "i-modal": "/dist/modal/index"
  }
}

// draw-view.wxml
<i-button type="primary" bind:click="addItem">添加子选项</i-button>
<i-button type="success" bind:click="draw">抽签</i-button>

<i-cell-group>
  <i-cell
    wx:for="{{listData}}"
    wx:for-item="item"
    wx:key="item"
    data-item="{{item}}"
    title="{{item}}"
    bindlongpress="delete"></i-cell>
</i-cell-group>

<i-modal title="删除确认" visible="{{ visible }}" actions="{{ actions }}" bind:click="realDelete">
    <view>删除后无法恢复哦</view>
</i-modal>

// draw-view.js
// pages/draw-view/draw-view.js
Page({

  data: {
    listData: [],
    lastItem: '',
    currentItem: '',
    actions: [{
        name: '取消'
      },
      {
```

```
        name: '删除',
        color: '#ed3f14',
        loading: false
      }
    ],
    visible: false
  },
  onLoad: function (options) {
    this.setData({
      lastItem: options.item
    })
    wx.setNavigationBarTitle({
      title: options.item,
    })
  },
  onShow: function () {
    this.setData({
      listData: wx.getStorageSync(this.data.lastItem)
    })
  },
  // 添加子选项
  addItem() {
    wx.navigateTo({
      url: '../edit-item/edit-item?item=' + this.data.lastItem
    })
  },
  // 抽签
  draw() {
    if (this.data.listData.length == 0) {
      wx.showToast({
        title: '没有数据',
        icon: 'none'
      })
    } else {
      const randomNumber = this.getRandomNumber(0, this.data.listData.length);
      wx.showToast({
        title: this.data.listData[randomNumber]
      })
    }
  },
```

```
    // 获取随机数
    getRandomNumber(begin, end) {
      return Math.floor(Math.random() * (end - begin)) + begin;
    },
    // 删除子选项弹窗
    delete(e) {
      this.setData({
        visible: true,
        currentItem: e.currentTarget.dataset.item
      });

    },
    // 删除子选项
    realDelete({detail}) {
      if (detail.index === 1) {
        var newArray = [];
        for (const item of this.data.listData) {
          if (item != this.data.currentItem) {
            newArray.push(item);
          }
        }
        this.setData({
          listData: newArray
        })
        wx.setStorageSync(this.data.lastItem, this.data.listData);
        wx.showToast({
          title: '删除成功',
        })
      }
      this.setData({
        visible: false
      });
    }
})
```

添加子选项后,点击"抽签"按钮,运行效果如图 11.5 所示。

【代码解析】进入页面后,会根据上一个页面传入的选项名来获取存储的子选项数据。点击"抽签"按钮,会通过随机数从现有子选项中抽取一个进行弹窗显示。添加、删除子选项功能与首页的基本相同。

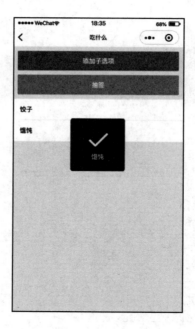

图 11.5 抽签页

11.2.4 我的页面开发

通过前面 3 个页面的开发,主要的抽签流程已经走通了。为了完善这个应用,补充"我的"页面,增加清空、微信登录功能。打开 mine 页面,输入以下代码:

```
// mine.json
{
  "navigationBarTitleText": "我的",
  "usingComponents": {
    "i-card": "/dist/card/index",
    "i-button": "/dist/button/index",
    "i-cell-group": "/dist/cell-group/index",
    "i-cell": "/dist/cell/index",
    "i-modal": "/dist/modal/index"
  }
}

// mine.wxml
<view class="view-margin">
  <i-card
    title="{{userInfo.nickName}}"
    extra="{{userInfo.country}}"
    thumb="{{userInfo.avatarUrl}}">
    <!-- <view slot="content">用户名:张三</view> -->
  </i-card>
```

```
</view>

<view class="view-margin">
  <i-cell-group>
    <i-cell
      title="清空数据"
      bindtap="clearData"
      is-link></i-cell>
    <i-cell
      title="意见反馈"
      bindtap="callBack"
      is-link></i-cell>
  </i-cell-group>
</view>

<i-button
  wx:if="{{userInfo.nickName == '未登录'}}"
  type="primary"
  open-type="getUserInfo"
  bind:getuserinfo="login">登录</i-button>

<i-button
  wx:if="{{userInfo.nickName != '未登录'}}"
  type="error"
  bind:click="logout">退出登录</i-button>

<i-modal
  title="清空确认"
  visible="{{ visible }}"
  bind:ok="delete"
  bind:cancel="cancel">
  <view>清空后无法恢复哦</view>
</i-modal>

// mine.wxss
.view-margin {
  margin-top: 16px;
}


// mine.js
Page({
  data: {
```

```
    userInfo: {
      nickName: '未登录',
      country: '-',
      avatarUrl: 'https://i.loli.net/2017/08/21/599a521472424.jpg'
    },
    visible: false
  },
  onLoad(options) {
    if (wx.getStorageSync('userInfo')) {
      this.setData({
        userInfo: wx.getStorageSync('userInfo')
      })
    }
  },
  clearData() {
    this.setData({
      visible: true
    })
  },

  delete() {
    const array = wx.getStorageSync('homeList')
    for (const item of array) {
      wx.removeStorageSync(item)
    }
    wx.removeStorageSync('homeList')
    this.setData({
      visible: false
    })
  },
  cancel() {
    this.setData({
      visible: false
    })
  },
  login(e) {
    if (e.detail.userInfo) {
      this.setData({
        userInfo: e.detail.userInfo
      })
      wx.setStorageSync('userInfo', e.detail.userInfo)
    } else {
      wx.showToast({
```

```
      title: '登录失败',
      icon: 'none'
    })
  }
},
logout() {
  wx.removeStorageSync('userInfo')
  this.setData({
    userInfo: {
      nickName: '未登录',
      country: '-',
      avatarUrl: 'https://i.loli.net/2017/08/21/599a521472424.jpg'
    }
  })
}
})
```

在"我的"页面点击"登录"按钮,会弹出权限申请框,点击允许授予权限后即可登录,运行效果如图11.6所示。

图 11.6 "我的"页面登录功能展示

【代码解析】清空数据通过循环 homeList 里的数据把所有数据移除掉。登录功能在用户,点击允许按钮后,从 e.detail.userInfo 取出用户的头像、昵称等信息进行展示,并通过 wxif 控制"显示登录"或"退出登录"按钮。如果需要测试,可以点击微信开发工具中的"清缓存→清除登录状态",如图11.7所示。

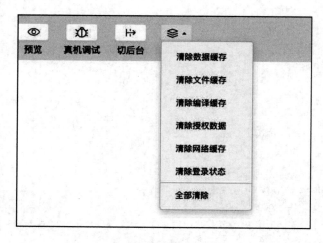

图 11.7 清除登录状态

11.3 小结

　　本章综合运用前面学到的知识创建了一个易用的工具类应用。虽然该程序的基本功能已经齐全，但是仍有较大的改进空间。建议读者自行添加编辑选项、改变排序等功能来作为练习。为了将各种知识分类展示，本章的内容仅使用了本地存储，没有设计网络请求。下一章我们将做一个带网络请求的完整应用。

第 12 章

项目实战 2：图书商城

终于来到了最后一章的实战。在上一章中，我们开发了一个本地的工具类应用。本章将会设计一个带网络请求的完整应用——图书商城。在微信小程序中，商城类应用还是十分常见的。由于一个完整的商城项目分类过于复杂，因此本实战项目仅实现主功能流程，其他功能模块则会保留下来，读者可发挥想象力自行完善。

本章主要涉及的知识点有：

- UI 组件的使用
- 表单的使用
- json-server
- 网络请求

12.1 项目起步

本节设计图书商城项目所需要包含的功能，并把项目的基本框架搭建起来。

12.1.1 项目设计

商城类的小程序可以说是屡见不鲜了，许多有自己 App 的商家都会选择做一套小程序版。商城应用的设计已经十分成熟了，首页用于展示，个人中心用于管理，核心功能是在商品详情页上添加商品，在购物车中结算。其他的功能都可以按照自己的业务需求进行调整。这里笔者列出一些知名 App 的小程序版本截图，供读者参考，如图 12.1、图 12.2 所示。

图12.1 京东小程序

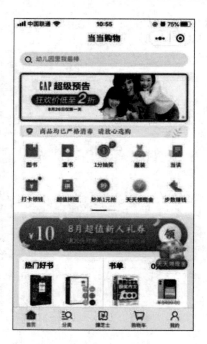

图12.2 当当小程序

按照一个基本的图书商城系统设计的话,需要如图12.3所示的功能。

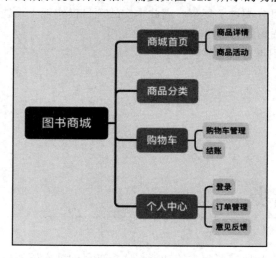

图12.3 图书商城小程序设计结构图

图书商城小程序中的功能分支如下:

- 商城首页
    - 商品详情:在商城首页点击了某商品后,展示该商品的详情,并可以进行购买。
    - 商品活动:展示商品活动、折扣等信息。
- 商品分类
    - 商品分类:与首页类似,主要是将图书商品分成各种类型进行排列。

- 购物车
    - 购物车管理：对从商品详情添加进购物车的图书进行编辑管理。
    - 结账：将购物车中的商品进行结算。
- 个人中心
    - 登录：登录、退出登录等。
    - 订单管理：管理用户的订单。
    - 意见反馈：对商品或平台进行意见反馈。

在功能上，这个项目跟真正商用的商城小程序无法相比，但是作为学习微信小程序的练习来说，这些功能点还是比较全面、值得深究的。

12.1.2 项目框架搭建

新建一个项目 book-shop 作为本章的项目。导入 UI 框架 iView，并在根目录新建文件夹 images。本项目中的图片素材较多，需要用到的图片可以直接从示例代码中获取。本项目的目录如图 12.4 所示。

图 12.4 项目目录

将 app.js 清空，删除 index 和 logs 页面，新建 home、mine、edit-item、draw-view 页面，最后在 app.json、app.wxss 中输入以下代码：

```
// app.json
...
  "tabBar": {
    "selectedColor": "#ff5777",
    "list": [
      {
        "pagePath": "pages/home/home",
        "text": "首页",
        "iconPath": "/images/tabbar/home.png",
```

```
      "selectedIconPath": "/images/tabbar/home_active.png"
    },
    {
      "pagePath": "pages/category/category",
      "text": "分类",
      "iconPath": "/images/tabbar/category.png",
      "selectedIconPath": "/images/tabbar/category_active.png"
    },
    {
      "pagePath": "pages/cart/cart",
      "text": "购物车",
      "iconPath": "/images/tabbar/cart.png",
      "selectedIconPath": "/images/tabbar/cart_active.png"
    },
    {
      "pagePath": "pages/mine/mine",
      "text": "我的",
      "iconPath": "/images/tabbar/mine.png",
      "selectedIconPath": "/images/tabbar/mine_active.png"
    }
  ]
},
...

// app.wxss
page {
  background-color: #EFEFEF;
}
```

【代码解析】 一个带底部导航栏的首页已经完成,运行效果图与上一节的类似。

> **注　意**
>
> 应把 app.json 中的 v2 删除,否则 UI 框架可能会运行出错。

12.2　后台环境准备

由于本章是一个带网络请求的应用,因此在准备工作完成后,我们还需要对后台接口进行开发。工具还是使用 json-server,对其用法不熟悉的读者可以复习第 10 章的内容。

12.2.1 后台环境搭建

新建一个文件夹 server，并打开终端，进入该目录，创建 json-server 文件，如图 12.5 所示。

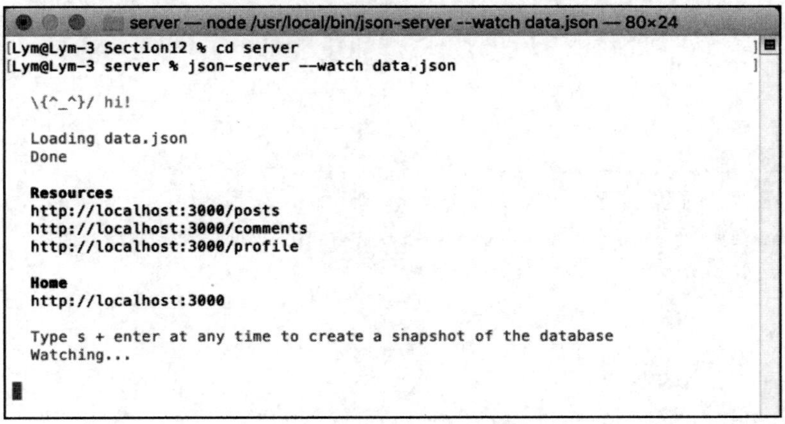

图 12.5 创建 json-server 文件

data.json 文件创建完毕，默认生成了 3 个接口，将其删除即可。在下一小节，我们会在 data.json 中创建需要用到的接口数据。

12.2.2 后台数据创建

在编写后台数据前，我们需要先设计所需要的接口，如表 12.1 所示。

表 12.1 后台接口列表

接 口 名	说 明
banner	首页轮播图数据接口
activity	首页活动数据接口
books	图书列表数据接口
carts	购物车数据接口

该程序需要的接口并不是很多，直接打开 data.json，输入以下代码：

```
// data.json
{
  "banner": [
    {
      "id": 1,
      "url": "/images/banner/banner1.jpg"
    },
    {
      "id": 2,
      "url": "/images/banner/banner2.jpg"
```

```
    },
    {
      "id": 3,
      "url": "/images/banner/banner3.jpg"
    }
  ],
  "activity": [
    {
      "id": 1,
      "name": "优惠专区",
      "image": "/images/home/home-icon-1.png"
    },
    {
      "id": 2,
      "name": "限时抢购",
      "image": "/images/home/home-icon-2.png"
    },
    {
      "id": 3,
      "name": "本期福利",
      "image": "/images/home/home-icon-3.png"
    },
    {
      "id": 4,
      "name": "特卖图书",
      "image": "/images/home/home-icon-4.png"
    }
  ],
  "books": [
    {
      "id": 1,
      "name": "红楼梦",
      "author": "曹雪芹",
      "content": "正版精装 红楼梦 中国古典文学名著 [清]曹雪芹著 课外阅读书四大名著",
      "originalPrice": "50.0",
      "price": "39.9",
      "sales": "233",
      "image": "/images/books/book1.jpeg"
    },
    {
      "id": 2,
      "name": "三国演义",
      "author": "罗贯中",
```

```
            "content": "正版精装 三国演义 中国古典文学名著 [明]罗贯中著 课外阅读书四大名著",
            "originalPrice": "60.0",
            "price": "45.0",
            "sales": "333",
            "image": "/images/books/book2.jpeg"
        },
        {
            "id": 3,
            "name": "西游记",
            "author": "吴承恩",
            "content": "正版精装 西游记 中国古典文学名著 [明]吴承恩著 课外阅读书四大名著",
            "originalPrice": "55.0",
            "price": "42.9",
            "sales": "325",
            "image": "/images/books/book3.jpeg"
        }
    ],
    "carts": []
}
```

【代码解析】每个接口中的 id 都是作为唯一标识的,后面不再赘述。轮播图接口比较简单,url 代表图片的路径。在活动接口中,name 是活动名,image 是活动对应的图片。books 是核心的图书数据接口,参数具体含义如表 12.2 所示。细心的读者可能会看到 carts 接口是空的,因为 carts 是购物车数据,所以默认为空。carts 中的对象与 books 完全一致,在我们添加数据后就会显示。

表 12.2 books 接口参数说明

参　数　名	说　　明
name	图书名称
author	图书作者
content	图书详情
originalPrice	图书原价格
price	图书现价格
sales	图书销量
image	图书图片路径

现在我们的接口已经准备完毕,可以进行业务的开发了。

12.3 项目开发

准备工作完成后,我们按照图 12.3 的设计顺序,按模块一个一个进行开发。

12.3.1 首页开发

首页是第一个展示给用户的界面，一个出色的首页往往能获取用户的留存。首页作为整个应用的窗户，需要先开发。由于代码篇幅较长，因此本章都是先展示 WXSS 代码，再展示业务代码。

```css
// home.wxss
swiper {
  height: 200px;
}

.item-view {
  width: 100%;
  height: 200px;
  line-height: 200px;
}

.activity-view {
  background-color: white;
}

.activity-top {
  text-align: center;
  line-height: 40px;
  color: gray;
}

.activity-bottom {
  display: flex;
  justify-content: space-around;
  font-size: 11px;
}

.activity-sub-view {
  height: 70px;
  width: 60px;
  display: flex;
  flex-wrap: wrap;
  align-items: center;
  justify-content: center;
}

.activity-image {
  height: 30px;
```

```css
  width: 30px;
}

.original-price {
  text-decoration: line-through;
}

.price {
  color: red;
}
```

接下来编写 home 页面的核心代码：

```json
// home.json
{
  "navigationBarTitleText": "首页",
  "usingComponents": {
    "i-card": "/dist/card/index"
  }
}
```

```xml
// home.wxml
<swiper
  autoplay
  indicator-dots
  interval="3000"
  duration="2000"
  easing-function="easeInOutCubic">
  <swiper-item
    wx:for="{{bannerList}}"
    wx:for-item="item"
    wx:key="id">
    <image class="item-view" mode="widthFix"
      src="{{item.url}}"></image>
  </swiper-item>
</swiper>

<view class="activity-view">
  <view class="activity-top">—— 本期活动 ——</view>
  <view class="activity-bottom">
    <view
      class="activity-sub-view"
      wx:for="{{activityList}}"
```

```
      wx:for-item="item"
      wx:key="id">
      <image class="activity-image"
        src="{{item.image}}"></image>
      <text>{{item.name}}</text>
    </view>
  </view>
</view>

<view
  style="margin-top: 16px"
  wx:for="{{bookList}}"
  wx:for-item="item"
  wx:key="id"
  data-item="{{item}}"
  bindtap="selectBook">
  <i-card title="{{item.name}}" extra="作者：{{item.author}}"
    thumb="{{item.image}}">
    <view slot="content">
      <text class="original-price">¥ {{item.originalPrice}}</text>
      <text space="ensp" class="price">  ¥ {{item.price}}</text>
    </view>
  </i-card>
</view>

// home.js
Page({

  data: {
    bannerList: [],
    activityList: [],
    bookList: []
  },

  onLoad: function (options) {
    this.getBanner()
    this.getActivity()
    this.getBooks()
  },
  getBanner() {
    wx.request({
      url: 'http://localhost:3000/banner',
```

```
      success: (res) => {
        this.setData({
          bannerList: res.data
        })
      }
    })
  },
  getActivity() {
    wx.request({
      url: 'http://localhost:3000/activity',
      success: (res) => {
        this.setData({
          activityList: res.data
        })
      }
    })
  },
  getBooks() {
    wx.request({
      url: 'http://localhost:3000/books',
      success: (res) => {
        this.setData({
          bookList: res.data
        })
      }
    })
  },
  selectBook(e) {
    wx.navigateTo({
      url: '../detail/detail?item=' + JSON.stringify(e.currentTarget.dataset.item),
    })
  }
})
```

注意，运行代码时，需要先启动后台接口，效果如图 12.6 所示。

【代码解析】首页的内容较多，但是并不复杂。首先在 home.json 中导入一个卡片组件，用于图书列表的展示。页面整体分为 3 部分：轮播图、活动和图书列表。创建方法并不复杂，顶部轮播图是 swiper 组件，活动是 view 组件，图书列表是 i-car 的组件，都是配合 wx:for 的循环来实现的。在 JS 文件中，通过 getBanner、getActivity 和 getBooks 3 个接口来获取这 3 个模块的数据。selectBook 是跳转商品详情页，并传递商品数据。

图 12.6　首页效果展示

12.3.2　分类页面开发

分类页面在各大商场 App 中十分常见。页面结构一般是左边列出一个大分类列表，右边展示商品。分类页与首页都是可以直接跳转到商品详情页的，算是首页的一个补充。这里先编写 WXSS 代码。

```
// category.wxss
page {
  height: 100%;
}

.back-view {
  width: 100%;
  height: 100%;
  display: flex;
}

.left-view {
  width: 20%;
  height: 100%;
}

.right-view {
  width: 80%;
  height: 100%;
}
```

```css
.item-view {
  font-size: 15px;
  line-height: 40px;
  text-align: center;
  border-bottom: 1px solid darkgray;
  background-color: white;
}

.original-price {
  text-decoration: line-through;
}

.price {
  color: red;
}
```

接下来编写 category 页面的核心代码。

```
// category.json
{
  "navigationBarTitleText": "图书分类",
  "usingComponents": {
    "i-card": "/dist/card/index"
  }
}

// category.wxml
<view class="back-view">
  <view class="left-view">
    <view class="item-view">文学</view>
    <view class="item-view">历史</view>
    <view class="item-view">小说</view>
    <view class="item-view">政治</view>
    <view class="item-view">医学</view>
    <view class="item-view">社会</view>
    <view class="item-view">科学</view>
    <view class="item-view">宗教</view>
    <view class="item-view">心理学</view>
    <view class="item-view">计算机</view>
    <view class="item-view">法律</view>
    <view class="item-view">旅游</view>
    <view class="item-view">建筑</view>
    <view class="item-view">儿童</view>
```

```html
    </view>
    <view class="right-view">
      <view
        style="margin-top: 16px"
        wx:for="{{bookList}}"
        wx:for-item="item"
        wx:key="id"
        data-item="{{item}}"
        bindtap="selectBook">
        <i-card title="{{item.name}}" extra="作者: {{item.author}}"
          thumb="{{item.image}}">
          <view slot="content">
            <text class="original-price">¥ {{item.originalPrice}}</text>
            <text space="ensp" class="price"> ¥ {{item.price}}</text>
          </view>
        </i-card>
      </view>
    </view>
  </view>
```

```javascript
// category.js
Page({

  data: {
    bookList: []
  },
  onShow: function () {
    wx.request({
      url: 'http://localhost:3000/books',
      success: (res) => {
        this.setData({
          bookList: res.data
        })
      }
    })
  },
  selectBook(e) {
    wx.navigateTo({
      url: '../detail/detail?item=' + JSON.stringify(e.currentTarget.dataset.item),
    })
  }
})
```

运行效果如图 12.7 所示。

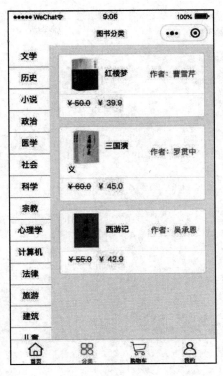

图 12.7　分类页效果展示

【代码解析】分类页主要由左侧的分类列表与右侧的商品列表构成。左侧列表设置固定宽度，并使用 flex 布局实现换行。右侧列表与首页完全相同，可以点击商品进入详情页。

12.3.3　商品详情页面开发

商品详情页是商品的重要展示部分。我们会在商品详情页显示图书的详细信息，并提供购买功能。首先编写 WXSS 代码。

```
// detail.wxss
page {
  background-color: white;
}

.top-view {
  width: 100%;
  height: 200px;
  text-align: center;
}
```

```css
.top-image {
  height: 200px;
}

.good-info-view {
  padding: 16px;
}

.original-price {
  text-decoration: line-through;
}

.price {
  color: red;
}

.sales-view {
  display: flex;
  justify-content: space-between;
  font-size: 13px;
  color: gray;
}

.bottom-view {
  position: fixed;
  bottom: 0px;
  height: 50px;
  width: 100%;
}
```

接着编写 detail 页面的核心代码。

```
// detail.json
{
  "navigationBarTitleText": "图书详情",
  "usingComponents": {
    "i-button": "/dist/button/index"
  }
}

// detail.wxml
<view class="top-view">
```

```html
    <image class="top-image" mode="heightFix" src="{{item.image}}"></image>
</view>

<view class="good-info-view">
  <text class="original-price">¥ {{item.originalPrice}}</text>
  <text space="ensp" class="price">  ¥ {{item.price}}\n</text>
  <text>{{item.content}}</text>
  <view class="sales-view">
    <text>快递：包邮</text>
    <text>销量：{{item.sales}}</text>
  </view>
</view>

<view class="bottom-view">
  <i-button bind:click="addCart" type="error" long>立即购买</i-button>
</view>
```

```js
// detail.js
Page({

  data: {
    item: {}
  },
  onLoad: function (options) {
    this.setData({
      item: JSON.parse(options.item)
    })
  },
  addCart() {
    wx.request({
      method: "POST",
      url: 'http://localhost:3000/carts',
      data: this.data.item,
      success: (res) => {
        if (res.statusCode == 201) {
          wx.showToast({
            title: '添加成功'
          })
          setTimeout(() => {
            wx.navigateBack()
          }, 2000)
        } else {
          wx.showToast({
```

```
                    title: '请勿重复添加',
                    icon: 'none'
                })
            }
        }
    })
})
```

运行效果如图 12.8 所示。

图 12.8　商品详情页效果展示

【代码解析】我们并没有给商品详情页数据设置单独的接口,而是从列表页直接传值带了过来。布局方面,顶部是一张图书的图片,中间是图书的详细数据,底部是一个固定的购买按钮。点击"立即购买"按钮,会调用一个 POST 接口,为 carts 添加数据。为了防止数据重复,如果已经添加了该图书,就提示"请勿重复添加"。

12.3.4　购物车页面开发

购物车页面的主要作用是用于图书商品的结算。我们从首页、分类页进入商品详情页后,所添加的商品都会添加到该页面。首先编写 WXSS 代码。

```
// cart.wxss
.original-price {
    text-decoration: line-through;
}

.price {
```

```css
  color: red;
}

.bottom-view {
  position: fixed;
  bottom: 0px;
  height: 50px;
  width: 100%;
}
```

接着编写 cart 页面的核心代码。

```json
// cart.json
{
  "navigationBarTitleText": "购物车",
  "usingComponents": {
    "i-card": "/dist/card/index",
    "i-button": "/dist/button/index"
  }
}
```

```xml
// cart.wxml
<view
  style="margin-top: 16px"
  wx:for="{{bookList}}"
  wx:for-item="item"
  wx:key="id"
  data-item="{{item}}"
  bindtap="selectBook"
>
  <i-card title="{{item.name}}" extra="作者：{{item.author}}"
    thumb="{{item.image}}">
    <view slot="content">
      <text class="original-price">¥ {{item.originalPrice}}</text>
      <text space="ensp" class="price">  ¥ {{item.price}}</text>
    </view>
  </i-card>
</view>

<view class="bottom-view">
  <i-button bind:click="buy" type="error" long>结账</i-button>
</view>
```

```js
// cart.js
```

```js
Page({
  data: {
    bookList: []
  },
  onShow: function () {
    this.getCarts()

  },
  getCarts() {
    wx.request({
      url: 'http://localhost:3000/carts',
      success: (res) => {
        this.setData({
          bookList: res.data
        })
      }
    })
  },
  buy() {
    if (this.data.bookList.length == 0) {
      wx.showToast({
        title: '购物车为空,请先下单',
        icon: 'none'
      })
    } else {
      wx.showToast({
        title: '购买成功',
      })
    }
    for (let i = 0; i < this.data.bookList.length; i++) {
      const element = this.data.bookList[i];
      wx.request({
        method: 'DELETE',
        url: 'http://localhost:3000/carts/' + element.id,
        success: (res) => {
          this.getCarts()
        }
      })
    }
  }
})
```

运行效果如图 12.9 所示。

第 12 章 项目实战 2：图书商城 | 221

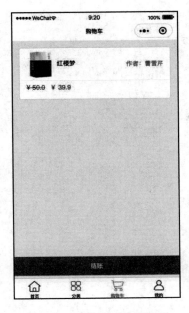

图 12.9 购物车页效果展示

【代码解析】购物车的页面比较简单，主要是列表和一个结账按钮。在没有商品时点击"结账"按钮，会提示"购物车为空，请先下单"；结账成功，会调用 DELETE 接口，将 carts 中的数据全部清空，并显示"购买成功"。

12.3.5 我的页面开发

现在我们的图书商城已经可以购买结账了。虽然我们没有将购买商品与用户数据关联，但是为了应用的完整，我们还是要完善"我的"页面的。先编写 WXSS 代码。

```
// mine.wxss
.view-margin {
  margin-top: 16px;
}
```

接着编写 mine 页面的核心代码。

```
// cart.json
{
  "navigationBarTitleText": "个人中心",
  "usingComponents": {
    "i-card": "/dist/card/index",
    "i-button": "/dist/button/index",
    "i-cell-group": "/dist/cell-group/index",
    "i-cell": "/dist/cell/index"
  }
}
```

```
// mine.wxml
<view class="view-margin">
  <i-card
    title="{{userInfo.nickName}}"
    extra="{{userInfo.country}}"
    thumb="{{userInfo.avatarUrl}}">
    <!-- <view slot="content">用户名：张三</view> -->
  </i-card>
</view>

<view class="view-margin">
  <i-cell-group>
    <i-cell
      title="我的订单"
      is-link></i-cell>
    <i-cell
      title="联系客服"
     is-link></i-cell>
    <i-cell
      title="商务合作"
     is-link></i-cell>
    <i-cell
      title="常见问题"
     is-link></i-cell>
    <i-cell
      title="意见反馈"
     is-link></i-cell>
    <i-cell
      title="设置"
     is-link></i-cell>
  </i-cell-group>
</view>

<i-button
  wx:if="{{userInfo.nickName == '未登录'}}"
  type="primary"
  open-type="getUserInfo"
  bind:getuserinfo="login">登录</i-button>

<i-button
  wx:if="{{userInfo.nickName != '未登录'}}"
  type="error"
  bind:click="logout">退出登录</i-button>
```

```js
// mine.js
Page({
  data: {
    userInfo: {
      nickName: '未登录',
      country: '-',
      avatarUrl: 'https://i.loli.net/2017/08/21/599a521472424.jpg'
    }
  },
  onLoad(options) {
    if (wx.getStorageSync('userInfo')) {
      this.setData({
        userInfo: wx.getStorageSync('userInfo')
      })
    }
  },

  login(e) {
    if (e.detail.userInfo) {
      this.setData({
        userInfo: e.detail.userInfo
      })
      wx.setStorageSync('userInfo', e.detail.userInfo)
    } else {
      wx.showToast({
        title: '登录失败',
        icon: 'none'
      })
    }
  },
  logout() {
    wx.removeStorageSync('userInfo')
    this.setData({
      userInfo: {
        nickName: '未登录',
        country: '-',
        avatarUrl: 'https://i.loli.net/2017/08/21/599a521472424.jpg'
      }
    })
  }
})
```

运行效果如图 12.10 所示。

图 12.10 "我的"页面效果展示

【代码解析】列表中的"我的订单""联系客服"等选项只是用来展示的,并没有开发子页面。登录功能与第 11 章相同,会弹出权限申请对话框,在用户点击允许按钮后从 e.detail.userInfo 取出用户的头像、昵称等信息进行展示,并通过 wxif 控制显示"登录"或"退出登录"按钮。

12.4 小结

至此,带网络请求的图书商城实战项目已经完成了。本章设计了一个小巧易用的图书商城小程序,从项目设计、项目构建、后台搭建开始,并在后面的模块中复习了组件、小程序语法、网络请求等知识点。本章的图书商城应用在很多方面都不太完整,比如活动详情、购物车编辑、个人中心的订单等。对于这些未完成的功能,读者可以自行设计并开发,作为更进一步的练习。

只有多练多写才能在学习编程的过程中取得更快的进步,只是进行较为枯燥的理论学习、查看 API 文档而不动手编写代码,就可能会坚持不下去。希望读者通过对本书例子的练习,可以更加牢固地掌握微信小程序中的相关知识点。